食品安全出版工程
Food Safety Series

总主编　任筑山　蔡威

上海市文教结合
"高校服务国家重大战略出版工程"资助项目

运输过程中的
食品质量安全指南
——控制、标准和实践

Guide to Food Safety and Quality During Transportation
Controls, Standards and Practices

【美】约翰·M·瑞恩（John M. Ryan）著

刘　雪　刘少伟　译

上海交通大学出版社
SHANGHAI JIAO TONG UNIVERSITY PRESS

内容提要

随着食品安全事件的频繁发生,食品质量和安全受到越来越多的关注。而食品运输及其解决方案是食品安全和质量至关重要但却一直被忽略的问题。本书主要关注食品运输过程,包括食品运输人员、容器的卫生、维护及其可追溯性等方面的内容,旨在提出应用现代技术和实际运营相结合的食品运输监测和控制方案。全书贯穿了替代责任和不断变化的消费者的需求;将运输过程的法律、责任、具体解决方案和共同标准纳入到食品安全和质量控制的整个体系中。本书可以为高等院校学生、食品运输物流公司及专业人员提供改善运输过程中食品安全和质量控制的基础性指导。

This edition of **Guide to Food Safety and Quality During Transportation: Controls, Standards and Practices** by **John M. Ryan** is published by arrangement with **ELSEVIER INC.**, a Delaware corporation having its principal place of business at 360 Park Avenue South, New York, NY 10010, USA

上海市版权局著作权合同登记章图字:09-2014-1055 号

图书在版编目(CIP)数据

运输过程中的食品质量安全指南:控制、标准和实践/(美)约翰·M. 瑞恩(John
M. Ryan)著;刘雪,刘少伟译.—上海:上海交通大学出版社,2017
食品安全出版工程
ISBN 978-7-313-18650-8

Ⅰ.①运… Ⅱ.①约…②刘…③刘… Ⅲ.①食品安全-质量管理-指南
Ⅳ.①TS201.7-62

中国版本图书馆 CIP 数据核字(2017)第 329173 号

运输过程中的食品质量安全指南——控制、标准和实践

著　　者:[美]约翰·M. 瑞恩(John M. Ryan)　　　　译　　者:刘　雪　刘少伟
出版发行:上海交通大学出版社　　　　　　　　　　地　　址:上海市番禺路 951 号
邮政编码:200030　　　　　　　　　　　　　　　　电　　话:021-64071208
出 版 人:谈　毅
印　　制:上海万卷印刷有限公司　　　　　　　　　经　　销:全国新华书店
开　　本:710mm×1000mm　1/16　　　　　　　　印　　张:15.75
字　　数:269 千字
版　　次:2017 年 12 月第 1 版　　　　　　　　　　印　　次:2017 年 12 月第 1 次印刷
书　　号:ISBN 978-7-313-18650-8/TS
定　　价:128.00 元

食品安全出版工程

丛书编委会

总主编
任筑山　蔡　威

副总主编
周　培

执行主编
陆贻通　岳　进

编　委
孙宝国　李云飞　李亚宁
张大兵　张少辉　陈君石
赵艳云　黄耀文　潘迎捷

译者序

2014年年底,上海交通大学出版社联系我翻译《运输过程中的食品质量安全指南——控制、标准和实践》一书。此时,恰逢举国上下开始重视食品安全问题。"民以食为天,食以安为先",食品安全不仅是重大民生问题,而且是涉及公共安全的重大问题。

随着我国经济快速发展和人民生活水平的提高,消费者食品安全意识的日益提高,政府相关部门和企业对食品安全问题的重视程度也不断加强,2009年我国政府专门颁布《食品安全法》;2014年和2015年的中央一号文件都提出加快构建农产品冷链物流体系;2014年9月12日,国务院发布关于印发物流业发展中长期规划(2014年—2020年)的通知(国发〔2014〕42号)。2017年4月13日,国务院办公厅发布《加快发展冷链物流保障食品安全促进消费升级的意见》国办发(〔2017〕29号);"十三五"规划建议指出:"实施食品安全战略,形成严密高效、社会共治的食品安全治理体系,让人民群众吃得放心。"近年来,我国为促进食品安全采取了一系列重大举措。

运输过程中的食品安全问题一直未能得到应有的重视,本书可以说是本领域的先驱之作。作者约翰·M.瑞恩(John M. Ryan)一直从事质量管理体系实施和管理工作,具有丰富的食品运输实践经验和管理体系建设经验。本书不仅介绍了食品运输过程中改善易腐食品物流运输环节的基础知识,也涵盖了食品运输人员、容器的卫生和维护以及食品追溯、安全和质量控制等方面的具体技术,可以为食品运输提供完整的监测和控制方案。

翻译本书的过程,恰逢我指导的研究生在进行物流过程中壳蛋货架期和冰鲜鸡肉冷链运输物流温度监测方面的研究,所以整个研究过程不仅仅是对本书细细的咀嚼,也是教学相长的过程,所以对本书的优点也有了更深刻的体会。

本书重点讨论的内容有检测、消毒、控制和追溯等迅速发展的食品安全控制技术,也涉及运输商责任、食品安全需求和政府监管的食品安全运输控制方案。从预防的角度,这本书将危害分析与关键控制点(HACCP)和类似的过程控制相结合以保证食品安全运输的全面性和整体性。法律、责任、具体解决方案和共同标准的形成和制定促进了食品运输在食品供应链中的不断成熟和完善,并将其纳入食品安全和质量控制系统。

这本书探讨的食品运输是食品安全和食品质量领域至关重要但却一直被忽略的问题。对这一问题的探讨有助于改善供应链伙伴间的信息共享和相互依赖,而这也是行业管理部门和政府致力解决的。

然而,没有一本书能涵盖千差万别的食品运输,本书也不例外。这不仅因为不同食品之间产品特性的千差万别,也因为各个国家和地区经济和文化存在很大的差异,也更是因为物流技术和计算机、信息通讯技术日新月异的发展。尽管如此,本书揭示的食品运输领域的问题和提供的解决方案,可以为食品运输物流公司和专业人员提供改善运输过程中食品安全和质量的基础性指导,可以参照设计既能满足内在管理需求和外部检查审计要求的标准,构建一套完整的指导计划和实操系统。

翻译过程中,得到中国农业大学信息与电气工程学院和华东理工大学食品工程学院研究生们的参与和协助,在此向他们表示感谢!由于案例内容和技术的专业性,我们经常需要请教相关专业人士,他们的耐心和热情帮助,让我们感动,特在此表达诚挚的感谢!同时还要感谢上海交大出版社的编辑们,为了这本书的顺利出版付出了大量的时间和艰辛。

由于专业知识和翻译水平有限,书中难免会有疏漏和错误的地方,欢迎各位专家和从业人员多提宝贵意见。

前　言

当你打开冰箱,有没有想过里面的食物平均需要经过多远的距离才能到达你家的冰箱?

在美国,大约需要经过 2 000 mile[①] 或者更远的距离,食品才能被运到消费者家的冰箱里。

你是否会惊讶:至今还没有运输商必须遵守的易腐食品卫生、可追溯性和温度控制的食物安全标准?

现在已有的食物安全标准、检查和审计的项目和组织都是针对农场、包装车间、配送中心、批发商、零售商、饭店和食品加工厂的,食物不断地更换容器,不停地在卡车、轮船和飞机等运输工具之间转换,但却还没有出台一系列有关在运易腐食品的运输标准。

该类标准的缺失意味着在整个食品供应链过程中,可能发生食品运输商和接收者都不愿意看到的一切事情。

本书并不针对任何特定的食物或某一个国家,而是为相关专业人员或者高等院校学生提供改善易腐食品物流运输环节的基础知识。内容不涉及食物载货和卸货过程,而是主要集中在食品运输过程中,包括食品运输人员、容器的卫生、维护和可追溯性、食品安全和质量控制等方面的内容。本书旨在提出食品运输的监测和控制方案,提供保护食品运输行业的标准性方法,尤其是注重运输质量的企业和消费者的权益。

长期以来,食品安全机构和授权组织一直关注生产者、加工企业、零售商和餐饮业的食品安全,而忽略了食物运输环节。农场、包装车间、配送中心、收获人员、零售商、加工厂和饭店等每年要花费数百美元用于食品安全体系建设和审查,除了极少数有前瞻性的公司,基本没有任何支出用来制定食品运输环节的标准。

运输食物的卡车和容器在回运途中经常被用来运输化学物品和其他杂物。除非

————————————

① 1 mile＝1 609. 344 m。

需要，否则运输司机会为了省油而关闭运输车的冷藏系统。因为缺乏必要的文书，跨太平洋的运输船只经常被海关人员扣留，致使里面的食物超过了保质期。

食物安全隐患主要是经营者单纯为了销售业绩只注重食物外观，却不考虑消费者的健康。随着过去十年或者近几年食物召回事件越来越多，消费者和社会各界越来越重视食品安全问题。

检测、消毒、控制和追溯等技术的迅速发展为食品安全控制提供了有力的支持，这也是本书重点讨论的内容。

法律、责任、具体解决方案和共同标准的形成和制定促进了食品运输商与买方公司之间的商业经营，并将其纳入整个食品安全和质量体系。对于食品安全和质量领域的学生而言，本书探讨的食品运输是食品安全和食品质量领域至关重要但却一直被忽略的问题。对这一问题的探讨有助于改善供应链伙伴间的信息共享和相互依赖，而这也是政府和行业管理者致力解决的。

全世界食品的运输有上千种类型：冷冻食品、罐装食品、新鲜食品、鱼类和肉类，牛奶、奶酪、蛋类、芽类、鳄梨、加工食品、包装的、干净的、脏的、掺假的、受污染的食品，从智利运到欧洲，从美国运到韩国，从南非运到佛罗里达。一些国家的公司十分重视食品的运输和控制，而在另外一些国家，新鲜农产品在运输车后面挂着的袋子中就被送往早市出售。

没有一本书能涵盖上述千差万别的食品运输状况。

尽管如此，仍然可以构建一个指导计划和实操系统，设计既能满足内在管理需求，又能满足外部检查审计要求的标准。

本书旨在揭示食品运输领域的问题、提供相应的解决方案，并为食品运物流公司和专业人员提供运输过程中食品安全和质量的基础性指导。

目　录

第1章 运输容器的卫生、可追溯性和温度控制概述

食品供应链受很多区域和国际性食品安全程序不确定因素的影响很大。配送中心、农场、加工厂、零售商、餐馆和包装厂家受成百上千的不同标准困扰,这些标准都旨在保障政府及其附属机构制定的诸多食品安全标准的实施。

大多数人都敏锐地意识到最近食品供应链大量出现的掺假现象及其导致的疾病和死亡。过去几年的众多案例中,只有为数不多的菠菜、青葱、萝卜、花生、汉堡和果汁等引发的公共食品安全事件被公开报道。大多数人并不知道类似事件的严重程度以及有多少起类似事件没有公开报道。例如,据美国农业部食品安全监督服务局(FSIS)的统计,到 2006 年 10 月份,全国就已经发生了29 次肉类召回事件[1]。值得一提的是,是零售商而不是政府将携带大肠杆菌的菠菜下架以避免销售的。

作者一直在高科技电子生产商公司从事质量管理体系实施的工作,最近转到夏威夷州农业部负责推行一个质量管理体系。当我 1984 年开始技术职业生涯时,我担任质量管理总监的公司只依靠审查和分类来确保他们产品的质量。公司在韩国拥有的工厂以批次制造模式运行,每一个产品制造的加工过程一结束,就会有一系列审查者进行审核,次品需要重新制造或拆毁,而好的产品则进入下一个加工步骤。最后产品的回报率为 49%。

1.1 食品质量和安全的主要依据

美国农业部食品安全监督服务局仅是一个监督服务机构,它严重地依赖于监督、认证和审计。在我 25 年的职业生涯中,我一向认为这些结果除了可用来做因

果分析和推动改进之外,是不能够对产品质量或成本产生积极影响的。依靠视觉监督的组织很少能认识到预防的重要性。另外,监督数据很少用于促进采取预防措施。预防措施并不等同于通常所指的"矫正措施"。

以下是戴明在《走出危机》[2]中首次提出的戴明 14 点原则。

戴明 14 点原则

(1) 树立改进产品和服务的长久使命,以使企业保持竞争力,确保企业的生存和发展并能够向人们提供工作机会。

(2) 接受新的理念。在一个新的经济时代,管理者必须意识到自己的责任,直面挑战,领导变革。

(3) 要有一个从一开始就以质量造就产品的办法,而不是单纯依赖于检验。

(4) 要有一个最小成本的全面考虑,而不是单纯以价格高低来决策。要立足于长期的忠诚与信任,最终做到一个物品只跟一个供应商打交道。

(5) 通过持续不断地改进生产和服务系统来实现质量和生产率的提高,从而降低成本。

(6) 要有一个更全面、更有效的在岗培训。

(7) 建立领导力。管理的目标是帮助人、机器和设备更好地做好工作。要有一个新的领导方式,而不仅是管理,更重要的是帮助生产工人。

(8) 消除恐惧,使每一个员工都可以为公司有效地工作。

(9) 打破部门之间的障碍。研究、设计、销售、生产部门的人员必须像一个团队一样去工作,去预测生产问题,尽早发现并解决问题,共同提高产品和服务质量。

(10) 取消对员工的标语、训词和告诫。要求员工零失误的要求过高,而质量和生产率低下的大部分原因在于体系,这不是一般员工可以解决的。

● 应该用领导力来取代工作口号标准。

● 用目标来替代管理;用领导力替代数字和数字目标的管理。

(11) 消除影响工人工作情感的障碍。管理人员的责任必须从单纯的数字目标向质量转变。

(12) 消除打击管理人员和工作人员工作情感的考评。尤其是要废除个人年度考核或绩效排名的目标管理。

(13) 开展强劲的教育和自我提高计划。

(14) 使组织中的每个人都行动起来去实现转变。转变是每一个人的工作。

其中,第(3)点"要有一个从一开始就以质量造就产品的办法,而不是单纯依赖于检验"尤其重要,并且很适用于我们讨论的话题。

如今围绕食品安全与质量已经展开了很多探讨。戴明以帮助促进质量而闻名,但这对食品安全是否同样适用? 以上 14 点说明我们的食品供应链也正需要他 30 年前提出的改变。食品安全与食品质量是相辅相成的。它们在很大程度上受物流产业及其提高服务质量能力的影响。

国家、地方或州政府在食品执法行为中严重依赖监督。他们相信能通过视觉上的监督、审计和执法来提高质量。有趣的是,数以千计的监督仅仅流于形式,几乎没有人关注基于数据收集、分析或促进改变的评估机制建设。

在更多的现代组织中,正在使用六西格玛企业管理战略,如供应链管理、领导力、团队合作、顾客至上、基于数据的决策和追溯等。这些术语在农业和食品供应组织中相对生疏,统计过程控制(SPC)是通过数据来控制过程,这对食品组织也是一个新概念。

虽然每一个工具盒都可能在特定情况下十分有效,然而除了少数有远见的公司,人们很少考虑到它们,更不用说将它们应用到物流环节中。且不说现在食品安全问题暴发,这种缺陷产生的部分原因在于缺乏博学的质量管理专业人士加入食品安全行业,因为市场对这种人才需求太少。而且,当前的食品科学大学的课程主要集中于将监督和合规性审计作为实现质量和安全的方法。这导致了基于大学教育的食品科学和食品安全体系落后于质量安全改善 100 年之久。

食品安全和质量法律框架的不健全是因为监督标准的不完善,这些标准常故意忽略现实和客观的数据。对于我们当今的兴趣——物流环节,几乎没有监督、评估、数据分析和预防措施。没有这些数据和相应的管理,预防也就无从谈起。

尽管制定了很多法律来提高农产品质量,但除了产品召回,这些法律实际上没有执行和实施。美国国家有机项目(NOP)[3] 就是回避质量的很好例证。《有机食品法案 1990》[4] 规定"管理特定的有机产品的农产品市场国家标准",对有机农场提出了很高的要求。这个法案严重依赖于认证及其对认证者的认证。那些熟悉国际标准组织(ISO)并逐步确立质量管理体系的农场深知其中的滋味。食品安全认证,就像如今实施的,并不意味或确保食品安全或质量。较典型的,经过广泛实施过程分析,训练有素的审计员会通过观看运行和问一系列问题来决定组织实施和尝试控制上百物件的程度。该企业是否被认证取决于最后的得分。认证一般是由负责训练、认证审计员和负责记分系统和认证策略的认证机构来负责。大量的认证以不同的水准需要花费大量金钱与时间为代价,通常只有大型认证组织可以承担,但那些小型认证机构也会为了合理的费用与小型公司合作。很多食品供应企业承担不起认证费用,或不想受政府管理的干预,就简单地减少运送安全食品需要的费用,也就是被称作"经济驱动的掺假"。

现在,还没有运输过程中的食品容器必须遵守的标准、监督、认证、审计或者测试要求。

问题是,就像国际标准组织,标准的实施和引导改进实践和认证是自上而下进行的。很多(大多数)大型零售商(如萨夫威·沃尔玛)已经陷入了认证陷阱:要求他们的供应商要通过安全认证才能进入供应链。如果萨夫威超市想让一个经销商安全认证,经销商必须很快要求他的供应农场也要安全认证。这样做的前提是审计和认证会有助于改善状况。

除了有机产品,读者也许想到良好农业规范(GAP)[5],良好处理规范(GHP)[6]和良好制造标准(GMP)[7],它们都是基于监督和认证而产生的,都是通过建立已认证的监督员的认证队伍来负责认证上千的农场、经销商和生产商。真正有意思的是,这些认证机构制定标准的解释是由认证机构认证的监督员去督促遵守的标准。以下是4个来自于美国农业部2006年11月1日修订的良好农业规范和良好处理规范审计确认的矩阵[8]:

(1) 水的质量应保证足够农业灌溉使用和/或化学应用。

(2) 如果必要,可以采取措施来保护灌溉水免受可能的污染。

(3) 农场的污水处理系统运行正常并且没有泄漏或流失的证据。

(4) 生产用水要经过足够的处理来减少微生物污染。

(来源:美国农业部2006年11月1日修订的良好农业规范和良好处理规范审计确认矩阵)

很多食品安全或质量计划更倾向于建立真正有含义的标准。例如,什么叫"足够的"水质量? 什么叫"正常"运作的污水处理系统? 第(4)条是最佳的例子:什么是"足够"处理过的水?

像这样的标准基本上不能称之为标准。仅靠认证机构和单个审查人员解释的标准是不可靠的,倾向于失败、完全浪费时间和金钱——但这就是目前我们拥有的最好的标准。

就像我在这部分最开始提到的公司一样:农业,美国农业部、食品及药物管理局、认证机构和监督员,在经过几十年的担忧和束手无策后,现在仍然还处于批量处理的模式中。他们坚持遵循一个假设:食品安全与质量可以通过对产品、容器、运输厂商、农产品、食品、农场或室外设施进行监督实现。但是作为主要质量和安全工具的监督,尤其是主观监督,从来也永远不会令人满意地实现食品安全需求。

21 世纪是食品运输行业开始觉醒的时候了。很多运输商现在用的质量和安全标准高于政府或者认证机构,他们这样做的目的是出于自身利益的考虑。

1.2　技术和数据认证的必要性

尽管需要开展数据过程控制的应用,但是一些聪明的思想者已开始搭建监督与预防过程控制的桥梁。为《西北分析》撰稿的约翰·G·苏拉克(John G. Surak)在《食品法规未来》[9]和苏拉克、克劳利(Crawley)和胡塞因(Hussain)在《HACCP 和 SPC》[10]中都有类似的设想。很多人可能并不熟悉,HACCP 推荐了进行过程控制的一整套的过程,涵盖了食品的生产环境。上述作者也注意到:"良好的 HACCP 不能依赖微生物测试作为预防危险的方法,因为它们太慢了,不能提供实时信息来保证合理地过程监督。"

这个论述说明缺乏对问题的理解。我们不得不靠微生物测试来作为预防危害的方法:监督者不能看到、闻到、尝到或感觉到微生物污染物。危害分析和关键控制点(HACCP)是食品供应链中先进想法的代表。HACCP 被认为先进是因为大多数食品供应商和经营者不能理解它到底是什么或者它意味着什么——但是 HACCP 大大地落后于我们当今需要的食品安全和食品质量管理系统了。可笑的是,食品及药物管理局背景资料报告[11]指出,HACCP 是"用来保证食物太空安全的太空时代技术,可能不久会成为地球标准"。

除了视觉检查,食品供应商需要快速低成本的测试来决定他们的产品到底如何。这类测试可以应用在农场收获、配送、运输和食品供应链的任何一个环节。测试提供的客观的真实数据可以保证质量和食品安全控制、管理、决策、预防和矫正措施。电子追溯系统应该是强制性的,而不是推荐使用。在当今这个笔记本电脑花费少于 300 美元的时代,却仍然使用人工的基于纸张的追溯系统,说明人们不仅不愿意改变,而且无视消费者的安全。追溯技术可用来测量温度、湿度和影响物流过程中的所有环节,并且应用这些技术的展现提供的不仅有投资上的回报,还有市场杠杆作用。

然而,这些还没有实现,尤其是用在运送食品的多种类型容器中。因为这些储运容器很少被清理,检测污染物只是浪费金钱和时间。

尽管审计和视觉监督可以就推动运作的清理提供最基本的帮助,他们却不能找到或防止质量管理所谓的"具体原因"。主观的检查信息和由测试和电子追溯与测量提供的更客观的数据之间的差距是十分巨大的,并且这差距经常被那些投资视觉检查方法的人否认或者不予重视。

三磷酸腺苷(ATP)监测被公认为运输环节基础(非特定)的活微生物存在的最基本的卫生测试。主要被用来测试表面沉积物(表面卫生监测)和液体,ATP已经使用多年,并且经常被用来测试一个系统至少维持基础卫生认证管理的程度。对冲洗后的食品容器用ATP生物发光测试结果表明,冲洗对可能存活微生物的确认有一定影响。

1.3　测量和因果分析

真的是野猪导致了2006年10月菠菜大肠杆菌的暴发? 以这种思维来推理: 如果你指责野猪,那没有人应该负责:政府不应该负责,农场不应该负责,包装厂家不该负责,运输商不该负责,并且更重要的是审计和合规性体系也不用负责。不负责意味着没有责任。更重要的是,除了恐慌之外,据说菠菜行业损失了大约2亿7千万美元,但是仍然没有采取预防性的举措。

读者也许能想到,追溯暴发到涉及的农场需要几周的时间。在质量上,我们倾向于向上游寻找原因。考虑任何行业的供应链对于产品或服务的可能结果造成的影响,很明显美国几乎不需要食品追溯系统,州政府也一样。另一方面,加拿大和欧洲十分努力通过追溯系统的建设,可以快速找到控制食品质量和安全的潜在因素。

1.4　预防

作为质量管理专业人员,我们更趋向考虑预防措施,如计划、培训、封闭的控制系统、简单化和管理责任等。监督和审计被明显地划分到评价行为中,并且诸如此类的都增加了大量的开支,但对于产品或服务没多大意义。在食品供应维护中,最基础的重点和主要花费是评价范畴。确实需要从当前的主要依靠监督、审计、召回和实施的食品安全方法转变为使用硬件采集的更客观的实时监测数据和管理来证明没有掺假或者污染物。如果不实现向实时采集的数据作为预防的转变，而是仍依赖于传统的审计方法，就会继续产生与食品安全有关的外在成本（召回）。

一些人可能认为这技术太具有挑战性了——但是设想一下，用手机，并且在拖拉机上安装 GPS 来引导种植和收获吧？

需要注意的是，很明显，美国农业部现场办公室的任何国家级别的出版物都没有与农作物或配送损失、收益、召回、整理、倾销或者其他负面举措有关的数据，更是很少收集、总结或出版与食品运输产生的安全和质量成本以及损失有关的数据。然而，一个农民可以从保险公司购买农作物保险，甚至连锁饭店也很快地意识到食品安全认证意味着更低的风险，而更低风险又意味着降低保险金额和更低的成本。就政府而言，并没有产业规划所用的数据，但是保险公司有足够精准数据来使农作物保险成为有利可图的行业。然而，这种情况正在改变，因为现在很多保险公司已经将食品安全风险作为险种之一。

缺乏预防层次的数据分析和计划说明现有的食品安全和质量管理方法需要一个动态系统，以引入更多现代的食品质量和安全方法。

供应链运输环节的食品质量和安全最终会受到产业以及食品供应链从业人员的推动。尽管政府机构制定了法律，推动好的实践，制定方针，尝试执行脆弱的标准并管理食品召回，但是他们的影响很小，而且不是很有效。政府以及制定标准、监督、审计和尝试执行食品安全计划的机构最好能够寻找问题的原因并想出解决方案。

1.5　实时风险因素

与清洁并且有制冷设备的容器相比，不清洁容器运输的食物给消费者带来更大的风险。与没有系统、没有标准并且没有商业战略的公司相比，采用清洁、可追溯和温度控制的运输公司，食物掺杂的可能性更小。

像其他食品设备一样，作为食品容器或者配送设备，食品运输的物体也应该在食品药物管理局进行登记。基于在登记时提供的可以收集的数据，每一个运输商都可以基于他们拥有的运输过程中的业务类型来进行风险等级的排名。这些信息包括：他们的运输体系建设是否遵守已有的国际 ATP 容器标准[12]，他们容器的可追溯系统（没有，或基于纸张的或者电子的），他们提供独立运输车辆即时温度和位置信息的能力,他们提供运输车卫生数据的能力,以及他们提供这类数据给每一个用来从事两地之间运输食物的运输车的能力。

运输商的风险等级划分相对简单。通过给每一个认证内容(温度控制、追溯、卫生状况)加分,一个低风险的运输商就处于低风险组的顶端,这就有助于向需要安全食品运输的公司进行推广。相反,安全能力低并且没有实施运输条件改善的公司就被归于高风险级别。食品公司可以用这个排名来决定使用哪个运输公司。

人们会认为高风险运输商和使用他们的那些公司会比用低风险运输商付更高的保险率。当然,这些因素会在很大程度上影响公司降低成本的能力。

事实上,对于食品药品监督局或一个私人公司来说,建立基于卫生状况、追溯性和温度控制的运输商风险分级的软件系统是相对简单的。当然,对于购买者,这种系统的使用应该是免费的,然而所有的食品运输商都会被要求登记并且支付维护这些账户的费用。通过不断改进,所有公司都可以提高他们的认证和服务记录并被允许升级,并因此,能够提高他们的系统排名。

这些运输商风险分级系统还有其他的好处。假设发生食品召回的情况,首先对高风险运输商进行调查就很有意义。通过这样来降低消费者和供应商召回成本和召回次数的机会,应该足够成为将运输商风险分级纳入整个食品安全系统中的理由。

1.6　被遗忘的因素:在运食品

在过去几十年里,食品安全和提升食品安全的努力主要集中在农场、包装工厂、配送和批发过程、加工厂、饭店和零售商。将这些过程联系在一起并使它们衔接的过程就是运输环节。食物可以是生的、加工过的、冷冻的或其他形式,通过运输容器从一个地方运到另一地方,或者在不同流通环节间运行,包括卡车和卡车拖车、收货箱、货架、航运和其他开放或封闭的设备。

食品安全的最新进展是将食品安全和食品质量放在同一范畴。两者虽然都需要类似的控制计划,但还是稍有不同。很多情况下,食品安全和食品质量关键点的控制是重叠的,因此需要提供两个领域的解决方案。同等重要的是需要对质量工作人员进行食品安全问题的培训,并因此降低了雇佣和培训食品安全人员和再设立一个新组织功能的费用。图1.1比较了食品安全与食品质量的一些差异。

食品安全：没有掺杂物　　　　　　　食品质量：外观、味道、营养

　　　　　温度控制　　　　　　　　　　　　运送时间—货架期

　　　　　卫生状况　　　　　　　　　　　　监督—尺寸—颜色—条件

　　　　　HACCP　　　　　　　　　　　　　管理

　　　　　防止掺杂物　　　　　　　　　　　速度

　　　　　没有害虫或没有害虫存在的证据　　振动

　　　　　　　　　　　　　　　　　　　　　倾斜

　　　　　　　　　　　　　　　　　　　　　损害

图 1.1　运输过程的食品质量和安全

2001 年 6 月利奥普得可持续农业中心发行的《食品、燃料和高速公路：对于食物运送距离，燃料消耗和温室气体排放问题——艾奥瓦州人的观点》[13]一书中指出，20 世纪 70 年代初，食品从农场到消费者的平均运输距离接近 1 500 mile，但是现在可能超过 2 200 mile。美国食品的平均运输距离还是在横跨美国的一半和介于东西海岸之间。1998 年由卡车运输的食品大约占 89.9%（随着时间的推移而增加），而通过铁路运输的达 13.1%（随着时间的推移而降低）。

1987 年和 2010 年的美国农业进口趋势如图 1.2 所示。数据显示从 1987 年的大约 70 亿美元增加到了 2010 年的 800 亿美元。

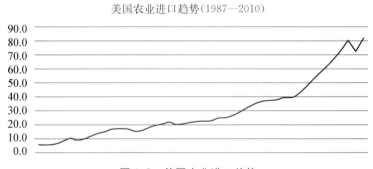

美国农业进口趋势(1987—2010)

图 1.2　美国农业进口趋势

图 1.3 说明了同一时期美国农业出口趋势线。出口保持相当平稳，每年 100 亿美元左右。

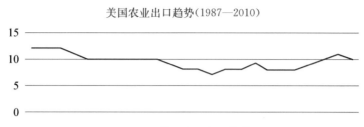

图 1.3　美国农业出口趋势

　　总的来看,在当今进口量大幅增长而出口量仍然保持不变的情况下,毫无疑问会出现食品需要运送更远距离的情况。[14]

　　图 1.4 所呈现的正是 2005 年至 2009 年间,在美国土地上使用运载卡车运输的农产品和鱼类产品总值的变化趋势,而这一上升趋势同时也反映了汽车运输的食品总值呈整体上升的趋势。

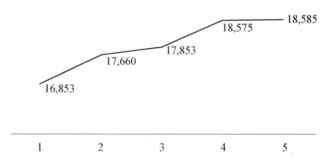

图 1.4　2005—2009 年间美国卡车运输的农产品和鱼类产品
　　　　总值(单位:百万美元)

　　2010 年 4 月,联邦公报公布了一则关于《2005 年实现卫生食品运输法案》的建议。其中在 F-2 这部分段落中,还概述了一篇来自东部研究集团有限公司的报告。该集团要按照合同来完成关于食品运输和食品安全危害所需要的处理措施及预防控制的文献综述和专家的意见。他们还评估了大量的交通指南、潜在的污染物类型以及食品运输的最佳食品运输实践。《卫生食品运输法案 2005》[15] 的提案可以归结为 13 种与食品风险问题有关的领域:

　　(1) 食物制冷及温度控制。

　　(2) 运输单元的管理(预防、卫生等)。

　　(3) 食品包装。

　　(4) 食物的装载与卸载。

（5）食品安全性。

（6）害虫控制。

（7）容器的设计。

（8）预防性维护。

（9）员工的卫生。

（10）有关政策。

（11）拒收食品的处理。

（12）食品置存期。

（13）可追溯性。

该组织也建议了以下预防控制措施：

（1）员工培训。

（2）管理评估。

（3）供应链间的交流。

（4）装车和卸车。

（5）文档的加载（食物清洗，温度信息的读取，时间信息的追踪）。

（6）包装及填充物（包括其中的食物托盘）。

1.7　概念界定

在本书中，还应用了以下的一些基本概念：

容器：所有可以用来在多个相隔较远距离的地域间运送食材或食品的设备。它们包括箱子、平板卡车、卡车的拖车、船舶集装箱以及其他一些类似的设备，并且都是用来在移动过程中转移或储藏食物。"设备"这个词并不包括我们通常所说的包装。

运输商：所有运输食材和食品的公司或个人。

维修站：所有涉及卫生安全设备以及为运输商和容器进行追踪的公司。

食品安全：免受食品添加剂的危害，这些添加剂包括化学性的、细菌性的、放射性的，以及一些金属、玻璃和木头等。

食品质量：商品标准规定的应有的外观、味道和营养价值。

图 1.5 反映了我们当下相对简单的供应链情景模式，以及一些运输行业和其他食品供给链和其他环节有业务时所面临的问题。

在这幅图例的最顶端，一个农场（即 USHI9Y4 农场）正在积极地播种、施肥和使用农药。然而由于缺乏可携带、快速测量并报告潜在掺假问题的低成本设备,生态污染物的水平级别通常都是未知并且难以测量的。这个农场可以直接将他们的产品运输到零售点或餐馆,或是卖给那些经销商,再由经销商卖给零售商或餐馆。图上用箭头标注的则是一些用托盘运输农产品的更大型容器(卡车)。

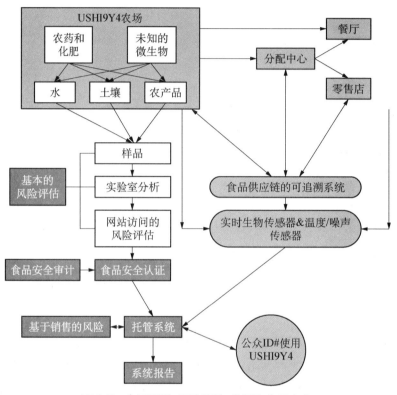

图 1.5　食品配送、可追溯性、监测和食品安全

如果这位生产者是一个负责任的农场主(见图 1.5 左边),那他会定期取样以确定生产的农产品和水是否含有一些可预防的污染物。这样就可以使他的农场能够调整其杀虫剂的使用方法或是提高对水污染的防治。到了那个阶段,样品就可以被控制,然后再送到实验室去做进一步分析。

像这样一个掌握了来自实验室测量而得到准确数据的农场主,就很可能会选择进行一些初级的食品安全培训,而他和他的整个团队为食品安全认证的审核去做准备,则成了这些培训所针对的意义所在。培训会经常由一些符合要求的食品安全审计人员来带领他们的员工进行实地考察,并且在培训中还通常会涵盖与食品安全标准、文档和资料以及食品安全审计过程中会出现问题的相关信息并给予指导。当准备好的时候(也许是两周,也许是之后的几个月),农场主就会联系审计机构,并要求他们按正式流程来进行一次审核。一旦和他们预定好时间,审核就可以进行。如果这家农场顺利通过了这次审核,他们就能够获得由审核机构下发的合格证书,同时他们的名字会被列入到主系统中,而这个系统设计的目的就是为了帮助宣传农场,从而让大家都知道他们已经达到了合格要求。报告显示,除了是以审核管理为目的,在大多数情况下,公众和有意向的买家也会极力取得农场的认证状况。对于那些局限于仅从以前就经过认证的农场中进行交易的买家来说,这些信息的获取能让他们了解到最新的认证情况,当然还包括农场主出售的一些产品。

图 1.5 的右边一列还显示了这家农场将产品运输到配送中心,后来随着配送中心将产品分成大量的份额,再将产品配送到餐厅和零售店中去。当然,农场可以直接将产品运送至餐厅和零售店,这样就能有效减少配送成本。对于农场来说,不论配送中心,还是餐厅和零售店,都需要对领先或滞后的可追溯负责,食品可追溯系统就是作为食品安全系统的一部分而建立起来的。

对于更加专业化管理的食品供应链而言,食品可追溯系统应该包括可记录装运时测量温度和湿度的设备。

在图 1.5 的右侧,我们注意到每一个箭头都对应表示运输的每一个过程,在每一个过程中还应该包括运输车的安全卫生、可追溯和温度控制测量和管理。

尽管图 1.5 代表了一个对食品安全和可追溯性来说是相对复杂的,被我们称作为冷链的先进方法,但仍然有很多国家和地区依赖于常温的供应链(见图 1.6)。

在没有制冷条件或制冷条件受局限的国家:
保质期＝1 天
运输距离＝少于 50 miles
配送＝简单的
　　　1. 收获
　　　2. 营销
　　　3. 准备
　　　4. 食用

图 1.6　常温供应链

在不同复杂程度的交货条件下,冷链可能需要好几天的时间,并且会经过成百上千英里的颠簸。也正是因为这个原因,西红柿在农场里的成本是 95 美分/lb,到了零售店付给分销商的时候则变成了 2 美元/lb,(算上货架期的损失)而到了消费者手中则价格就涨到了 2.95 美元/lb。

　　而另一方面,常温的供应链则是一个当地的食品分销系统,它们可以一大早就把刚收获的农产品运到当地的集市上卖。在常温的供应链中,在一天之内就完成农产品从收割、运送到集市、出售,到最后被消费等整个过程。在许多国家,电冰箱还没有进入家家户户,因此食品的新鲜是通过食品在同一天购买并消费实现的。交通运输是短暂而快速的,但通常不包括对冷链的控制。

　　图1.7详细阐明了冷链的一些步骤及其复杂性。

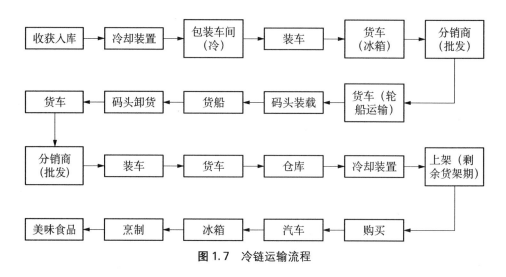

图 1.7　冷链运输流程

　　从农产品采摘并放置到收割箱中开始,更大的操作可能是通过制冷装置将产品进行预冷,然后运送到一个安装有温度控制系统的加工包装工厂。第一个过程的完成是在没有改善任何卫生状况的情况下进行的,箱子不可追踪及记录,该过程没有任何控制措施。收割箱被认为是一种集装容器,但它们却很少被清理或是消毒,还可能从一块田地挪到另一块上去,而这一步骤极有可能将微小的污染物从一片田地传播到另一片田地上,或从一个收割箱传播到另一个收割箱中去。尽管一些大型的生产商会给这些箱子贴上标签,同时用大量技术手段来记录收割箱的位置,但收割箱的卫生安全以及它们的跟踪及记录消息还是没有记录。

　　每次在图1.7中看到"运载汽车"这个词,都会对应着出现一个温度、食品追踪数据和污染物控制的缺失点。通常来说,在食品加工包装工厂、分销中心以及商店中,当前的食品安全认证标准都是被维持在公司管理层所允许的程度内。负责运输的车辆或者运输的公司经常都不能在运输过程中很好地控制食品安全的状况。这份安全标准都是在每一次运输结束后,而并非在这趟运输的过程中进行覆盖处理,甚至冰冻货柜(冰箱)的温度都是由冰箱温度计来监测,或是在装卸过程中通过仪器测量而得到的。

　　装货和卸货的码头也有至关重要的地位。货物的托盘被频繁地放置在码头上，而在等待着从一个冰柜中取出或放入来实现装载或卸载的过程中，它受控制的时间周期并不固定。

　　图 1.8 是一张在 32.8℃ 太阳光下拍摄到的照片。照片上的菠菜和西兰花都是通过空运而来还未拆掉包装的，这些蔬菜在柏油路面上被阳光照射超过 1 个小时。显然，由于不能控制托盘在冷却装置中完成食品的装卸车过程，从收割、冷却、清洗、干燥，再到产品包装的整个过程中所做的努力在某种程度上可以说是做了无用功。

图 1.8　置于 32.8℃ 太阳光下的包装好的冷链易腐食品

　　放在 32.8℃ 太阳光下不封顶箱子的食品不可避免地会受到运输汽车的尾气、大气中的灰尘和其他污染物的影响。假如一个人把一个敞口的袋子放在这些托盘的上面，那么毫无疑问大气污染物也会在袋子打开的时候进入到农产品中。正因如此，我们又怎么能够不担心这些食品的卫生安全呢？

　　其实这些过失都并非罕见，但却很少被卖者或买家发现。运输标准中缺乏对食品卫生安全和食品追踪的关注便是很重要的一个原因。欠佳的培训和管理机制，政府监督力度不够，以及供应链的无能力和不情愿做出必要的改变，均是造成这一系列问题的原因。

　　针对上述状况，一些大型生产商使用无线射频（RFID）来识别托盘上的等级标签，从而记录收获地点，并因此提供出箱子和产品相对应的记录以及收获和交付的地点。这项技术的应用也为提高从田头到冷却装置或者加工厂的管理手法而提供数据和信息。图 1.9 和图 1.10 分别是生菜收获过程中通过手持式阅读器读取识别射频标签和托盘射频识别标签的后视图。

图 1.9 手持式射频识别阅读器

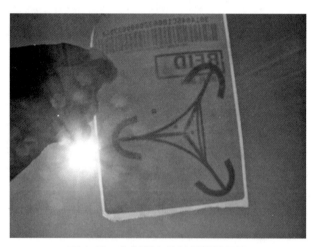

图 1.10 收割箱上的射频识别标签

总之,整个运输行业的可追踪性的不连续以及总体上的食品安全问题,促使食品供应商、运输公司和经理等纷纷开始寻求并采取食品安全的保障措施,这些促进因素包括:

(1)市场力量。基于食品被召回风险的考虑,买家们不得不选择从经过安全认证的供应商那里购买产品。当然这个过程中也包括了运输商。处于最下游的买家却没有能力为供应商的过失而买单。在冷链中只要任何一个环节出现断裂，都无疑会对下游的一方带来不利影响。因此，GFSI 和 ISO 22000 这样一些国际性标准在供应链端部被采纳（最接近消费者），并且下游的供应商也不得不采用。

（2）产品可靠性。企业都必须对他们所购买或售出的产品负责任，越来越多的企业倾向于终止与那些没有能力或者不愿意维持一些必要控制手段的供应商们合作。由于缺乏对食品安全控制而导致风险的增加，自然也会使得保险费用大大增加。而一旦保险费用增加，供应商就不得支付被召回的产品和食品安全所覆盖范围产生的各种费用。最糟糕的也许是，如果一个公司试图选择逃避由另一个供应商造成的责备和惩罚，则很有可能导致律师或者法庭的介入。像这样有关转嫁责任的问题却通常恰好促进了食品可追溯性的积极发展，或者更具体地促进了食品的卫生状况、温度控制的可追溯性和记录保持的积极发展。

（3）食品安全法律法规。随着国家法规的颁布，政府介入和监管的力度不断加大。当新闻开始重复报道各种食品安全违规操作，以及消费者们大规模地出现疾病和死亡的时候，而政府也是迫于政治压力就会颁布相应的法律，经过多次论证和协商，法律法规得以通过，政府监管的力度随之增强。

1.8　在运输过程中与食品安全相关的国际性标准

大量很有意思的标准、承诺性建议和法律的出现，涉及管理、危害分析和关键环节控制点（HACCP）、卫生设备、监测、运输和培训等。对食品法典委员会的相关法规以及美国、加拿大、澳大利亚、欧洲、中国和奥地利等国家和地区做出的相关规定，是形成食品运输食品安全系统标准总体框架的基础。

1.9　食品法典委员会：国际食品标准[16]

大多数法典都会引用"食品卫生通用规则［CAC/RCP 1—1969，Rev. 3（1997）——国际推荐操作规程"这份文件。这份文件的操作规程是基于危害分析和关键控制点制定的，要求保留一些重要的文件和记录，包括清洁与害虫控制，以及监控和标签等。操作规程中的第八单元涉及运输，强调防止污染和损坏，以及"一个可以有效控制致病性与腐败微生物生长和有毒物质产生的食品环境"。

（1）食品危害的控制，包括了通过使用危害分析和关键控制点识别潜在危害，查看货物记录和清洁记录，危害源（这些来源包含建筑材料、涂料、密封盒/锁定的设备和残留物），缺少加热或制冷设备（温度控制），热量或冷却液体的泄漏等方面。

（2）卫生控制体系。

（3）购入材料要求。

（4）防止污染和损坏的包装措施。

（5）有可能与食物接触的水必须是可饮用的。

（6）管理和监督。

（7）文件和记录保存。

（8）召回的程序。

（9）专门的运输方式，包括标记为"食品专用"的标识和某种单一类型的专用食物。

（10）维护和卫生设施，包括减少污染风险的清洗、消毒和维护措施。

（11）与食物有接触的员工的卫生。

（12）交通工具应该包括食品运输单元的设计、施工、食品制冷、加热、害虫和污染预防、绝缘、锁定和密封等设施设备，以及用来清洗或消毒的维护设备和站点，消毒设备的储存和维护。

（13）生产信息和消费者意识。

（14）对食品运输员工的流程培训。

1.10　美国食品和药物管理局（FDA）

在美国，食品和药物管理局与海关和边境保护及国土安全局联合执法，采取以下方式来影响整个食品供应链：

（1）从美国境内监控农场到零售以及进口的过程。

（2）本地和进口产品必须满足相应供应链控制和申报规定。

（3）高额罚款（联邦检验费约 244 美元/h）。

（4）叫停掺假嫌疑货品。

（5）检查不事先通知，这意味着由于突击检查，减少了供应链上那些临时对付检查的保护措施。

（6）新的文件（或记录）要求证明所有供应商能够完全控制他们的供应商，并且所有接触食物的相关运载汽车和容器都有消毒、可追踪以及可控制。

（7）正如前面提到的，从上到下的替代责任。替代责任是一种出现在公共代理法律原则中的严格而又次要的责任。在这个原则中，这个责任是由上级的行为与他们的下属，或者从更广泛的意义上来说，任何一个拥有权利、能力或责任来控制违反者活动的第三方来承担的。它区别于分摊责任，而是另一种形式的次要责任，它同时还是植根于企业责任的侵权理论[17]。

1.11　1990 年的食品运输卫生法案 49 USC 5701 系列，第 57 章：食物运输卫生[18]

它涵盖了以下内容：

704. 油罐车、铁路运输罐和水路运输罐。

5705. 非食用产品的运输汽车和铁路运输。

5706. 专用车辆。

5707. 弃权力。

5708. 食品运输检查。

5711. 执法和处罚。

FDA 曾签署了 FDA 对食品产业指导的办法，并在 5.1.1 的第三部分讨论提到了食品运输卫生条例[19]。具体内容分析如下：

在我们努力协助食品运输行业实施 2005 SFTA 以有效预防食品安全问题的进程中，我们十分希望他们能够注意到食品在运输期间可能受到物理、化学或生物污染的风险。

（1）不恰当的制冷或温度控制（滥用温度）。

（2）为避免交叉感染而使用的不恰当的运输单元（或在运输中使用的储藏设备）管理，包括不恰当的环境卫生和返程的有害材料，不能保持油罐车的清洗记录、正确的废水处理方式，以及磷化铝熏蒸的方法。

（3）包装运输单元（或在运输过程中使用的储藏设备）的不当包装，包括没有正确使用包装材料，以及使用一些质量低劣的托盘。

（4）不当的装货行为、条件或设备，包括装货设备卫生状况差、在合适的时机没有使用专用单元，不合适的装货方式以及混合装货等都会增加交叉感染的风险。

（5）不当的卸货行为、条件及设备，包括卫生设备使用不当和数小时后仍然没有及时清理留在码头的废弃物。

（6）运输单元（或运输过程中使用的储藏设备）的害虫控制不到位。

（7）缺乏对司机/员工培训，以及/或者对主管/经理/所有者食品安全和/或保障的知识培训。

（8）糟糕的运输单元设计和建设。

（9）运输单元（或在运输过程中使用的储藏设备）的预防性维护不足，导致屋顶漏水，门上出现缝隙并伴有水滴凝结或冰层累积。

（10）员工卫生问题。

（11）食物运输（或在运输过程中储存）的安全/保障措施不充分，如缺少安全密封或安全密封使用不当。

（12）对拒收、打捞、重新加工以及召回的货品的处理和跟踪不当。

（13）对等待装运或检查的食品的操作不当，包括货品无人照看，交接延迟，将待检疫的货品进行装运、轮岗制度不完善和效率低下。

为了解决上面提到的一些问题，建议食品运输从业人员从现在开始集中力量，从以下方面广泛采取预防控制措施：

（1）控制运输过程中的合适温度。

（2）卫生状况，包括：

① 监测和确保运输车辆的卫生状况和条件，包括视情况而定的 ATP 测试。

② 控制和灭杀害虫。

③ 做好与装货/卸货步骤有关的卫生。

（3）做好食品和运输单元适当的包装方式/包装材料（如正确使用高质量的托盘和包装材料）。

（4）员工安全意识和培训。

1.12　食品安全现代化法案（FSMA）

在新的食品安全现代化法案中，FSMA 的第一个标题——在提高预防食品安全问题的能力[20]中增加了对记录保留的相关要求。

1.12.1　第 101 部分　记录审查

（1）如果某一食品通过食用或接触可能引发人类或动物严重的健康问题甚至导致死亡。从事该产品生产、加工、包装、配送、接收、储存或进口的从业者（农场和餐馆除外），在有关官员或雇员出示相应证件和正式通告函后，必须允许其在适当的时间、范围和方式下,查阅关于该食品以及受到影响的其他食品的全部记录的原件并复印留存。

（2）可以任何形式（包括纸质和电子格式）在任何地点保存下来的关于上述食品的制造、加工、包装、配送、接收、存储或进口环节的记录。

1.12.2　加拿大

加拿大农产品法令[21]［R. S. C.，1985，c. 20（第四次补充）］。1985 年颁布的加拿大农产品法令将船只、火车或者其他地面交通工具归入"地点"。法令允许审查人员"进入和检查任何地点,或者拦住任何一辆装有他认为有理由相信该项农业法令和规定适用的任何农产品或者其他东西"的交通工具并打开、审查要求的记录、复印记录,并且不计所有者的代价移走和封存相关产品。

2012 年加拿大食品安全法案[??]。2012 年加拿人通过食品安全法案。该法案将船只、火车、飞机、电动拖车、集装箱以及其他运输工具都纳入"运输工具"的范畴。而且还进一步将包括"运输工具"在内的任何进行食品生产、准备、储存、包装或打标签的场所归入企业范畴。

法案倡导企业设计、建设、卫生、消毒和设备、设施或者运输工具的维护,并要求所有食物成分具备可追溯性,包括商品的来源地和目的地,并为有可能会受影响的人群提供信息。

1.12.3　比利时和欧盟

欧盟和美国以及其他国家非常相像,已经试图建立保持运输记录、卫生、温度控制和可追溯性,旨在为食品供应链的成员们建立一个能够自我验证或认证的系统。

1.12.4　目标和范围

2003 年 11 月 14 日颁布的有关食物链中的自我检查、通报要求和可追溯性的皇家法令规定[23],除了初级生产之外,食物链（12MB‐12‐03）中的所有参与者都必须具备一个"自我"的系统。此外,就食品而言,自我系统要以 HACCP 体系为基础。

个体系统的含义是个体验证或认证的系统。每个部门都会有单独的路径。

除了规模很小的公司要经过 PB 00‐P 03 审计程序外,运输和储藏部门的个体系统要经过 PB 00‐P 02 审计程序进行验证。就像这些程序中描述的一样,审查的结果会在一份报告中进行讨论。调查结果中违反有关规定的部分将会在检查表(PB 03 - CL 21)中标出,并会在报告(报告模板 PB 00 - F 11)中给出解释。在指导 G - 017(食物链中道路运输部门指导和储藏)涵盖的有关领域中,自我系统必须被正式看作一个自我验证或认证的系统,将这条主线中描述的所有元素都包括在内。这份公文是为了在具体的备忘录中讨论所有问题,并为公众提供一个监管工具和解释说明。

这份适用于运输和储藏的文件代表了指导 G - 017 中涉及的第三方。

正如比利时 2007 联邦机构的安全食物链(FASFC)"食物链中产品的运输和储藏的自我控制指导"所指出的:

(1) 责任:食品安全的责任取决于运输公司的经营者或第三方储藏企业。个体监管系统的批准不应忽视相关义务。

(2) 管理。

(3) 可追溯性和可追溯系统管理。

(4) 食品安全管理体系以及普通食品运输的控制措施。

(5) 记录保持(包括有关系统控制的相关文件)。

(6) 员工沟通及培训。

(7) 良好的卫生。

(8) 规格和规程。

(9) 内部审计和内部管理。

(10) 纠正措施(主要针对原料管理和不合格原料的复核)。

(11) 客户沟通。

(12) 召回。

(13) 卫生设备,卫生状况,清洗。

(14) 运输中温度的控制(运输条件)。

(15) 食品运输预定的容器。

(16) 有毒物质的控制。

(17) 运输温度的控制。

(18) 三磷酸腺苷的监控。

(http://www.favv.be/autocontrole-fr/outilsspecifiques/transportroutier/_documents/2009-08-06_PB-03_LD-21_fr.pdf)

1.12.5 香港质量保障局

在香港,香港特区政府、香港质量保障局致力于帮助工商业进行质量、环境、安全、卫生和社会管理体系的完善。

香港质量保障局食品安全体系是基于 ISO 22000，并概括如下：

食品安全管理的关键要素：

（1）互动交流。

（2）体系管理。

（3）必备项目。

（4）HACCP 原则。

（5）体系要求。

食品安全管理系统（食品安全管理体系国际标准 9001）的总体要求：

（1）管理责任。

（2）资源管理。

安全产品的计划和实现：

（1）食品安全管理体系的批准、验证和改进。

（2）要求项目和运作的必备程序。

（http：//www．hkqaa．org/en_certservice．php？ catid？ 3）

1.12.6　中国

尽管中国已经建立了支持食品安全管理体系的食品安全法，并要求保持记录，但并未提及有关运输管理的方面[24]的规定。

（http：//www．fas．usda．gov/gainfiles/200903/146327461．pdf）

1.12.7　澳大利亚和新西兰食品标准法规

澳大利亚和新西兰食品标准法规中的标准 3.2.3[25]，食品安全条例和总体要求（仅澳大利亚）规定，食品企业必须保证所有的"运输食品"没有被污染的可能、要在温度控制条件下运输有潜在危险的食品，并保证需冷冻运输的有潜在危险的食物要保持冷冻的状态。这个标准还涉及食物召回系统，保持健康产品处理条件，保持温度测量装置的精确度，采取纠正行动，提供监控系统，保持记录，包括合规行为和防止有害物污染的措施。第 5 部分中有关清洁、卫生和维护方面，要求企业维护保持任何与食物接触的表面的卫生。（http：//www．comlaw．gov．au/Details/F2012C00767）

标准 3.2.3，食品场所和设备，第 5 部分第 17 条，要求食品运输所用的交通工具做到：

（1）如果在运输途中，食物有被污染的可能性，那么用来运输食品的交通工具必须被设计和组装为可以保护食物安全的。

（2）用来运输食物的交通工具的部件必须设计和组装为可高效清洗的。

（3）能接触到食物表面的用来运输食物的交通工具的部件必须设计和组装为可高效清洗的，若有必要，还必须实现高效消毒。

1.12.8　联邦监管法令(CFR)卫生操作规程(SSOPs)[26]

建议容器组和维护卫生组搜集和核实联邦监管法令(CFR)卫生操作规程(SSOPs)作为参考：9号联邦监管法令(CFR)416.11到416.17。尽管食品安全监督服务局(FSIS)已经发布了有关肉类加工装置的规程，很多部分也适用并直接运用于非接触食物的表面，例如卡车、容器和其他食物运载和食物运输的容器。这一法规包括清洁和监控规程，某位官方指派人员签署并注明程序的日期，运行前卫生检查，以及维修频率和履行每一步程序的人员责任。

9号联邦监管法令(CFR)卫生操作规程(SSOPs)中的可适用于或可应用到运输容器卫生标准建立的，或与其相关的部分内容如下：

（1）管理层的承诺是必需的。

（2）书面的卫生操作规程(SSOPs)必须建立、实施并保持。必须由有关官方人员签署并标注日期。每一个卫生操作规程应具体说明必须进行的过程的频率。若哪个过程必须进行，则员工负责实施，同时他们必须保留详细的记录，还要详细地记录，旨在处理、恢复预防和卫生操作规程，再审核的纠正性行为。与每一步程序相关的记录都要保留下来并保证可检索，记录日期也要具体写明。

（3）应该考虑到货车挂车、容器、机动轨道车、货板以及其他类型容器的表面属于非食品接触表面。食品不应该直接接触到这些表面。此外，装置和器皿的非食品接触表面必须按需要定期进行清洗和净化，以防接触到不卫生的环境。装食物的容器应该保养良好，并且应该依照预期使用目的来设计和制造。

（4）容器的内壁，底部和顶部在必要时进行清洗和净化，以防止污染物、添加剂和有害物质对其造成污染。清洗意味着不能看到任何灰尘，并净化意味着不能沾染细菌。建议使用氯碘化合物来进行净化。建议用流动液体冲洗掉所有的化学物质。

（5）可使用手电筒或直接靠视觉、感觉和嗅觉来判定清洗结果是否合格。建议进行生物荧光三磷酸腺苷(ATP)测试，因为它能提供测试，直接衡量生物浓度，并能立即给出结果。

（6）用于清洁和净化的非食品化合物和专有物质必须在控制下使用，并仅用于预期目的。

（7）员工必须接受培训，没有疾病，且有良好的卫生习惯；必须穿耐用、合适和干净的衣服，并且要按照标准和程序来操作。

（8）所用水应使用可饮用水，至少每年检验一次，并在可减少洗涤剂或其他化学物质的具体温度和压力下使用。

1.12.9　良好操作规范(GMP)A 部分和 B 部分[27]：动物饲料的道路运输

良好操作规范包含了动物饲料运输的标准。"运输过程中装载空间的清洁，可追溯性和卫生"作为关键要素被列出。（http://www.ovocom.be/GMP-Regulation.aspx? lang? en)[28]B 部分更进一步列出了详细的清洁步骤，包括清洗站（水箱清洁）、ATP 测试、运输公司清洁、清洁消毒剂的使用，合理的记录和内部审计等。

第 2 章　当前和新兴的食品安全运输模式

　　本章节关注的是新型监控方法,而不是以往不能解决运输过程中质量问题的旧技术。正因如此,在看到新兴技术能带来很高的投资回报率和收益前,公司必然会因为成本较高不愿意采用。就像所有的技术周期一样,相对过时的技术最终不能解决新出现的问题和需求,需要高昂的费用来维持,或需要太多的工时来判断其是否能继续使用。若公司有长远规划,想超越竞争对手而提供新的服务,那就要用新技术来取代旧的技术,这一转变所带来的收益将非常丰厚。

　　例如,尽管数据记录器已经使用了有一段时间,并已实现了预期目标,但是生产厂家及其客户都是朝着新的方向发展。举一个例子,很多公司已经开发出传感器无线电频率识别(RFID)系统,并把它们包裹在塑料托盘里。这样的应用程序可防止标签损失或损坏,并实现数据自动下载,从而减少人力,不再像以往那样处理数据。数据记录器和其他相关技术未能提供新发现的管理数据,就像黑白电视,尽管他们还是会继续被使用一段时间,但终归是要被淘汰的。

2.1　新兴运输监控器的投资回报率和收益

　　假设受质量控制要求的食品运输是一个可定义、可衡量和可控的过程,那么成本分析和质量控制原则可以应用以支持可追溯性、温度控制和卫生标准。图 2.1 表明过程的改进可降低成本,并增加收益。

　　在图 2.1 的左边降低成本一栏,我们发现很多降低成本的可能性,包括减少检查、精选、召回、丢弃、清理、返回、客户流失、降低保险成本和节省劳动力等形式。同时,也可通过提高产量来增加收益。

　　通过使用标准质量控制成本模型,有很多方法可被用来分析这些降低成本的措施的影响。从左至右观察图 2.2,由于精心挑选和排序(大小、颜色、形状等),收获 100 lbs 的西红柿普遍要有 30% 或 30 lbs 的损失。如果这 100 lbs 都安然无恙,那么

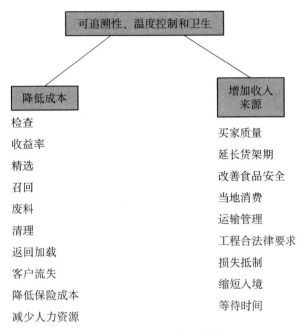

图 2.1　投资回报率和收益

若以 1 美元/lb 的价格出售,那么农民将有 100 美元的收益。在上面的例子中,若损失了 30 lbs 的西红柿,那么农民只有 70 美元的收益。除了以上损失,检查费用为每小时 2 美元,管理费用为 0.05 美元/lb(相当于损失 3.50 美元),运输损失为 0.15 美元/lb,相当于 10.5 美元:当下农场每收获 100 lbs 西红柿总共要损失 46 美元。

收入										1	成本			
							收益	检查	开销	运输	总成本			
农场			新		lb		损失							
操作 #1	收益损失%	收益损失#	运出量	原因	销售价格	运输价值	运输损失	$8/小时	$0.5/lb	$0.15 /lb				
100	30	30	70	拆包	$1	$70	$30.00	$2.00	$3.50	$10.50	$46			

图 2.2　农场的损失计算

　　图 2.3 表明经销商也有相同的分析方法。经销商销售环节每 70 lbs 要另外损失 7 lbs，主要来自检查、管理费用和运输成本等的损失，合计为 25.10 美元。损失数据按比例增加，因为经销商的损失不是以 0.95 美元/lb 来计算的，而是以经销商 1.50 美元/lb 的销售价格来计算的。

收入				2			成本			总成本
							收益	检查	开销	运输	
分配			新		1b		损失				
操作 #2	收益损失%	收益损失#	运量	原因	销售价格	运输价值	运输损失	$8/小时	$0.5/lb	$0.15/lb	
70	10	7	63	劣质	$1.50	$95	$10.50	$10.50	$2.00	$9.45	$25.10

图 2.3　配送中心的损失计算

　　这批货物的加工环节可采用类似的计算（见图 2.4），现在的损失计算为 2.95 美元/lb，依据是进货 63 lbs 的损失总计为 15%，即 40.59 美元。

收入				3			成本			总成本
							收益	检查	运输开销	
过程			新		lb		损失			
操作 #2	收益损失%	收益损失#	运量	原因	销售价格	运输价值	运输损失	$8/小时	$0.5/lb	$0.15/lb	
63	15	9.45	53.55	拒绝	$2.95	$157.97	$27.88	$2.00	$2.68	$8.03	$40.59

图 2.4　加工环节的损失计算

　　最终以上货品到达零售商环节，在付了 2.95 美元/lb 之后，只剩 53.55 lbs 价值。若每磅损失 3.50 美元，则零售商的损失总额为 39.22 美元（见图 2.5）。

　　经过 1～4 步处理程序（农场→经销商→加工者→零售商）计算总损失，并把产量、检查、开销和运输损失也计算在内，我们可以估计质量成本的总损失为 150.90 美元。但是，当我们再回到最初的农场并把最终销售的潜在客户计算在内，我们可以看到，最后只剩下了 45.52 lbs。如果最初收获的 100 lbs 西红柿从

		收入					成本				总成本
							收益	检查	运输开销		
操作#2	收益损失%	收益损失#	新运量	原因	销售价格 lb	运输价值	运输损失	$8/小时	$0.5/lb	$0.15/lb	
	15	8.03	45.52	艾伯特	$3.5	$159.31	$28.11	$2.00	$2.28	$6.83	$39.22

图 2.5　零售环节的损失计算

最初一直到零售商手中,始终没有质量、检查、管理费用和运输损失,则这一流程的潜在销售额总额为 895.00 美元,这个过程的损失率为 16.86%。

　　如果我们基于图 2.6 中的计算来进行估计,一个相对较小的农场每周装运 1 000 000 lbs 的西红柿,那么整个链条将会损失 150 万美元(见图 2.7)。

	损失	总计
	收益率/wt	$ 96.49
	检查	$ 8.00
	营业费用	$ 11.60
	运输	$ 34.81
损失	总计	$ 150.90
	销售潜力@ 100 磅	$ 895.00
	100 磅的销售损失	16.86

图 2.6　损失总计

1 000 000 lbs/周的损失	$ 1509 048

图 2.7　每周 1 000 000 lbs 的规划

2.2　基本的可追溯性和监控模型

　　即使不考虑某种类型的可追溯系统给食品安全法规或财务损失带来的好处,位置的可追溯和监控、运输过程中食品的类型和状况都应该是每一个供应链质量和食品安全体系的一部分。图 2.8 是一个为农场设计的基于食品容器的简单的可追溯框图。有时,食品容器要粘贴预先印好的条形码标签。食品容器上的标签

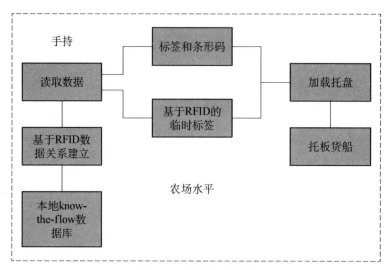

图 2.8　农场可追溯性

在一个配送中心打印好后送到农场。这个过程可以确保印刷过程的准确度,有助于保持产品、农场和食品容器号码准确并保证与配送过程保持一致。一旦条形码标签贴到食品容器上,并把食品容器装载到托盘,那么托盘就可以打上标签。托盘标签可能是温度监控标签,可以重复使用。然后可以用(在这种情况下)一个手持无线射频识别阅读器来读取条形码标签和托盘监控标签。系统软件会将托盘和内部各个食品容器形成一种总体-个体的联系。系统明确某一特定的托盘装载着相应的食品容器。数据存储在当地的(农场)数据库。

　　然后把托盘装到卡车里。如果卡车有唯一的号码,并且已经被消毒,那么卡车就会由它自己的阅读器系统来记录装载到拖车里的食品托盘、装载的时间和日期、托盘温度。若安装了全球定位系统,那么装载的地址也会被记录。通过这种方式,一个记录体系就建立起来了,包括集装箱(从托盘到卡车)的可追溯性、装车状况(温度)、位置和时间/日期标签。该系统还允许用户跟踪这批货物、收到温度失控的警报和查看温度变化走势。

　　图 2.9 显示了运输时间(在运输途中标签、温度等数据信息也可能被读出)。然后把托盘卸载到配送中心,它会经过一扇门户系统,以激活标签并使它们将所有数据到下载到配送中心的库存服务器上。当托盘的温度冷却到要求的温度时,日期/时间/温度信息会再次上传到服务器,从而完成从农场→货车→配送中心→冷库整个过程的记录。

　　要运出的托盘通常是运到冷库的食品容器的组合。例如,要将托盘送至零售商店内,可能会装载有各种各样的产品,而不是单一的产品。在这种情况下,使用

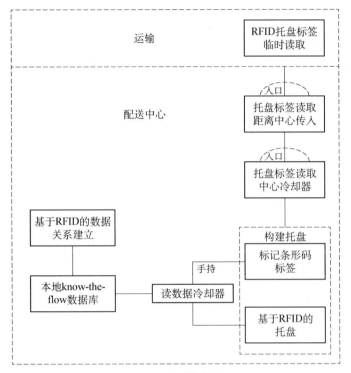

图 2.9　配送中心

手持阅读器来读取每个盒子的条形码,托盘标签会再一次与条形码信息联系起来。然后记录会显示出各个箱子已被转移到这个托盘里,会在某一特定的温度下、某辆特定的卡车里在一个特定的日期和时间从配送中心交付给某一零售商店。

图 2.10 显示出:各式各样的包含编码箱子的托盘将被送到一个配送中心。所有的温度、箱子、托盘、个体数据信息都会被下载到零售中心数据库。

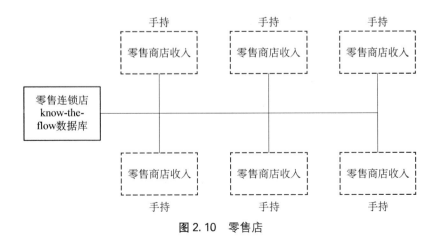

图 2.10　零售店

　　将这三个图表整合在一起(见图 2.11),就形成了一个完整的可追溯系统,包含了全程的温度信息,每辆卡车和托盘的完整记录。卡车或货架的卫生数据也可以与此托盘相联系起来,箱子的信息会成为卡车(或拖车和托盘)记录的一部分。

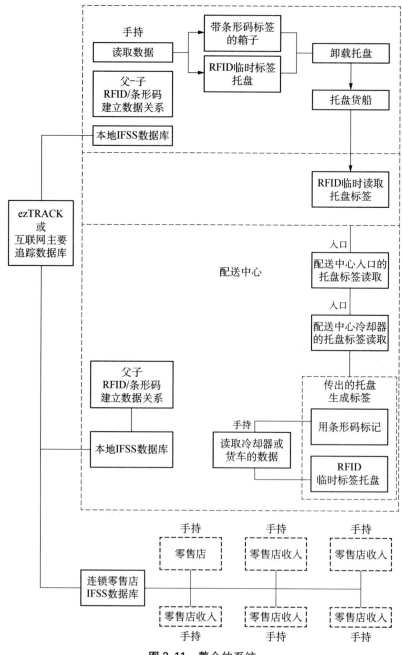

图 2.11　整合的系统

这一基本系统提供了基于食品容器的食品追溯系统,以及基于托盘和容器信息的集装箱可追溯性系统。食品可追溯性信息最终会在箱子的条形码标签和托盘的温度监控标签之间建立一种总体——个体关系。当货架信息增加至记录中后,货架中包含了什么,产品是什么时候放到货架里的,货架将运送到什么地方,货架是什么时候进行清洁和消毒的,以及温度和其他管理信息等就形成一套完整的记录。由此,承运者的质量管理就纳入了食品安全控制体系。

一旦发生召回事件,承运者的记录就可以作为食品安全信息的一部分。

那些不能保证食品一直处于可以控制状态和那些没有运输/容器食品安全系统的承运者被列为高风险的运营商。当承运者由于缺乏食品安全认证、恶劣的卫生条件方案或没有可追溯性或温度监测而被列为高风险营运商时,承运人的保险成本就会上升,收入可能会明显低于风险较低的竞争对手,而且也失去降低成本的机会。

条形码和托盘的数据监控标签会通过手持和门户阅读器上传。食品容器和承运跟踪数据为每个容器提供了一个记录系统。当每个独特的载体个体号码的可跟踪性和监控信息与卫生设施和 ATP 测试数据整合成一体时,这个系统就成为整个 HACCP 计划的一部分,从而,承运商和容器认证体系就会成为可能。基于上述对如何建立一个容器控制系统的基本概念框架,以及通过应用食品法典的评论、食品安全现代化法案、卫生食品运输法案、澳大利亚新西兰食品标准代码和其他列出的准则和法规,就可以构思并制定一个标准的系统。

2.3　运输过程质量评估的例子

一批试点项目和已经完成的研究都有助于我们了解食品运输方面的事情。然而,食品拖车或者容器处于冷链过程的假设在现实中是不可能的。由于有太多不可控的影响因素,不允许我们想当然地认为食品被安全地运输,或是企业完全控制货物的运输。

2.4　州内和州间的运输

再次重申,运输是一个可定义、可测量和可管理的过程,并且受质量控制要求和做法的影响。在过程中出现错误时,必须有应对纠错和预防的措施。

在本章的前面提到食品在阳光下暴晒的例证,由于潜在成本的考虑而没有执行相应的准则和法律。从农场到零售商到餐馆,在世界许多地区,这些因素和其他因素都造成了成本的增加,同时导致了食品价格上涨和短缺。在这些损失中,交通费用占了很大的比例。

从食品供应链的角度来看,一切变化都是从农场开始的。在许多农场中,有一个预冷过程,其目的是降低刚收获的农产品的田间温度,使其达到一个更符合所需维持或延长农产品货架期的温度。这种预冷过程中可以采取很多形式,一般取决于农场和经济能力的大小。在非常大的农场可以设置冷却隧道。这种冷却隧道两端打开,在入口端,将刚收获的产品送入隧道。封闭两端的门后,在指定的时期内将隧道充满氮,直到产品温度降低到预计的要求。

冷却隧道的处理还存在一些潜在的问题。首先,隧道的冷却温度低到足以使容器中间农产品的温度降到要求的温度时,容器外面就可能过冷,甚至是结冰。在箱子的中间,由于保温效果的循环是发生在箱子的外面,不能充分冷却中心农产品的温度。不适当的冷却可能造成容器外面结冰,而里面的货品还处于很高的温度。

通常,储藏箱叠放或并排放置的方法会使过冷或者冷却不够的情况更加恶化。在冷却时,农场可以将箱子从冷却隧道移到冷藏区,在这里产品可能经过清洗、整理、分级甚至分割和吹干等过程,具体的操作过程取决于具体的配送或包装类型的要求。

在许多情况下,货品被放入箱子或盒子,然后堆放在托盘上,以备后续装货用。图2.12是18个箱子的高度和3个箱子的宽度(每边有54个箱子)的6个托盘。每个托盘中可能会有3行54个箱子,即托盘中共有162个箱子。假设它们在离开包装厂时是被堆放或在配送中心处采取相对随机的排列,并没有考虑如何对它们进行预冷。应注意的是,不同高度的箱子上标有成圈的不同的颜色和数字。蓝色代表着保质期还剩15天,而在另一端,红色代表离保质期少于10天的情况。很明显,货架寿命短(<10天)的产品要运到最近的客户,这样运输时间才会短,保质期实际上针对的是在货架上的时间,而不是运送时间。

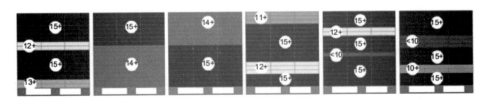

图2.12 无温度监控的拖车托盘和箱子(数据和图表来自加利福尼亚州圣克拉拉的 Intelleflex 公司)

在没有同一水平的温度数据的情况下,就没有办法知道任何托盘和任何层的剩余货架寿命。它们是混合在一起的,被比较随机地运到邻近或更远的客户那里。如果产品是在亚利桑那州生产和包装的,装运时的货架期已经少于 10 天,而跨州的卡车运输需要 3 天,那么纽约的客户收到货物时保质期就非常短。这对产品的销售和客户都不利。另一方面,如果是亚利桑那州的一个客户订购来自亚利桑那州包装车间的货品,如左边图中的托盘,收到的货品的货架期就比较长(13～15 天)。

有一个解决运输过程中货架期问题的方案。假设每一个箱子都贴上温度监测标签,这些箱子都根据剩余保质期进行整理和装车。装车的情况大致如图 2.13 所示。保质期短的产品最后装车并且可以最早运到最近的客户那里(图中的右侧),有较长保质期的产品交付给远程的客户。这样每个客户收到的产品的货架期都得以最大化。

图 2.13　配有温度监测的托盘拖车 (数据和图表来自,位于加利福尼亚州圣克拉拉的 Intelleflex 公司)

箱子和托盘上的温度监测标签揭示了其他运输控制的重要发现。每个托盘上温度数据收集监测标签标明托盘前部、中部和后部的温度存在很大的差异。图 2.14 说明了即使在集装箱(冷藏车)里,中部货品的温度(>15.6℃)明显高于前后两端。这就说明了在拖车装载室中货品的温度冷却并不均匀。

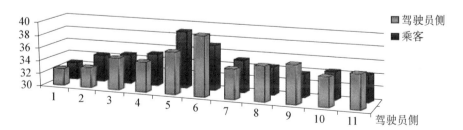

图 2.14　拖车前部和后部的温度变化(数据和图表来自位于加利福尼亚州圣克拉拉的 Intelleflex 公司)

图 2.15 是从多个温度记录标签得到一系列托盘的草莓的温度。底部的黑色趋势线是拖车温度记录图。这条黑色的线是相对稳定的,在承运商看来温度控制得很好。但是看看黑线上面的众多颜色的曲线,这些温度趋势线是在温度监测标签记录的托盘货品(从左边到右边)的温度数据。

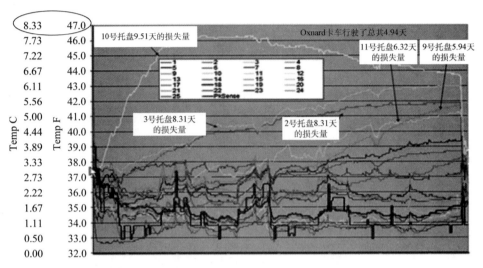

图 2.15 冷藏车和托盘上货品的温度变化(数据和图表来自位于加利福尼亚州圣克拉拉的 Intelleflex 公司)

如果温度记录显示冷藏车是一个相对稳定的温度环境,并假定这种情况是准确的,为什么其他的趋势线却显示了这种温度的巨大差别和急剧增加?

这和之前讨论的预冷及其相关问题有关。虽然其他解释也有可能,但可以接受的解释是这个数据的变化是预冷不当造成的。具体说就是在装货的过程中,随着时间的延长,使某些托盘释放出更高的温度。箱子里面的温度慢慢释放出来,致使车厢里的温度越来越高。换句话说,装运的货品预冷不到位。最明显的结果是保质期长短不一的产品被混合配送。

2.5 食品的空运和海运

2007 年,夏威夷经济发展联盟、美国农业部国家合作研究、教育和推广服务(CREES)合作组织,为美国第一个 RFID 食品溯源项目提供了资金。如图 2.16 所示,该项目实现了食品从各种各样的农场通过国家最大的配送中心到若干零售店的产品跟踪。

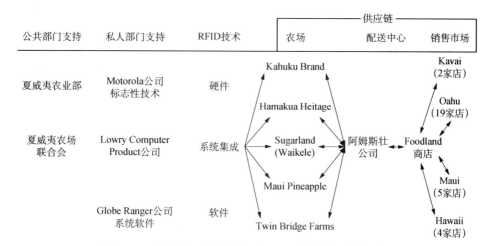

图 2.16　夏威夷无线射频识别(RFID)试点项目的参与者

　　2008 年的项目扩展到跟踪生产位于 3 个不同岛屿的 3 个配送中心。RFID 温度传感器标签被用来查证运输温度的变化,包括产品从配送中心装上卡车,从卡车到机场停机坪和飞机的货舱,从飞机又运到另一个岛上的停机坪,装上卡车,最后到配送中心的所有数据,如图 2.17 所示。

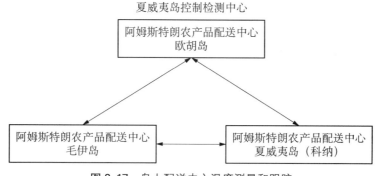

图 2.17　岛上配送中心温度测量和跟踪

　　在所有的测试工作流中,项目再次扩展到从加利福尼亚埃斯孔迪多的一个冷藏包装厂到位于洛杉矶市中心的一个配送中心的跟踪。

　　几个小时后,产品再次装入冷藏半挂牵引车(海运容器),并搬到了加州长滩的洛杉矶港等候,最终被装上驶往檀香山的船上。在檀香山,集装箱被卸载到卡车上并输送到冷藏配送中心,在那里用托盘把食品集装箱移动到冷库中用以维持适合鳄梨的最佳温度。

在埃斯孔迪多的包装房中,在运输流程开始前,RFID 温度监测标签被放置在 4 个含有鳄梨的托盘中。另外有一个独立的装置也放置在托盘的中间,可以用于测量温度、湿度、地点(GPS)、倾斜度和其他因素。该标签收集的数据被预先设定,这些数据以小时为单位。从埃斯孔迪多包装车间到檀香山的配送中心的运输时间预计需要 4~5 天。图 2.18 显示并分析了运输过程中的温度数据。

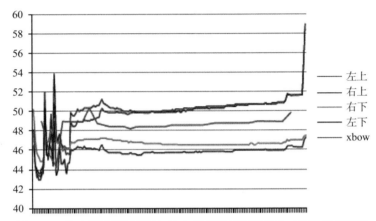

图 2.18 跨太平洋(埃斯孔迪多,加利福尼亚到檀香山,HI)的温度跟踪

五大趋势线表明,共记录了 5 组数据,其中 4 组来自温度记录 RFID 标签(2 个放置在托盘的底部,另 2 个在顶部),1 组来自放置在托盘中间的独立设备,用于位置识别和 ILC 状况。

目测趋势线可以看出早期运输初始阶段温度的巨大变化,以及产品在埃斯孔迪多和洛杉矶码头装货和卸货时托盘被移入和移出冷库和卡车时的温度变化。图表的最左侧记录的早期数据的上下尖峰均显示出,在装、卸货过程中缺少对温度进行控制的措施。

类似的调查结果表明,一般空运和海运的食品在机场和码头装货和卸货过程中,都没有采取温度控制措施。

然而,趋势表明海上运输过程中温度相对稳定,温度趋势线逐渐向上,表明产品在船舶运输过程中逐渐升温。一种解释是该船舶从相对较冷的洛杉矶水域移动到水和气候较温暖的夏威夷,冷藏运输容器的内部温度便逐渐上升。从这个数据集中发现的第三个同样重要的信息是,托盘顶部比底部温度高 5 ℉[1]。运输鳄梨的公司建议最佳储存温度是 37 ℉ 到 45 ℉。运输过程中采集的数据表明,没有

---

① 译者注:华氏度(℉)是温度一种计量单位。

一个托盘温度维持在指定的范围之内。

　　数据表明,从质量角度来看,跨太平洋航运过程是失控的。不管是在包装车间、配送中心还是冷库,上下峰值、上升趋势和托盘顶部、中间和底部的变化都表明,温度都没有维持在规定范围内。

　　第二个货物的跟踪是从台湾地区基隆港(见图 2.19)到檀香山。虽然并没有装运货物,但其旨在测试实时 GPS 的采集,包括用 RFID 标签和传感器收集、检测运输时容器内的温度(见图 2.20)。

图 2.19　基隆港货柜卫星传输的温度和爆炸物数据

图 2.20　装载货物标签

图 2.21 总结了温度数据变化的趋势。尽管这批货物中没有检测到爆炸物，但传感器通过连接到的卫星系统成功传输读取的数据。从 RFID 标签显示的温度趋势与东—西揭示出的趋势相似。容器转换点表明了过度的温度变化，也证实了早期的货运调查结果。

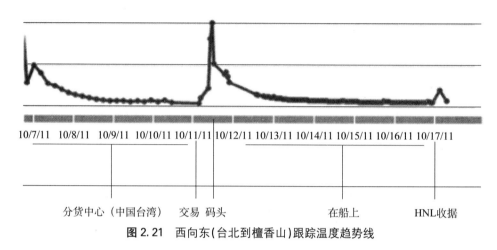

图 2.21 西向东(台北到檀香山)跟踪温度趋势线

2.6 新型监控模式：智能交货控制系统、RFID、ILC 和 RH

目前，跟踪食品运输技术已经很成熟，能够实时测量其温度和其他变量，并通过当前可用的通信系统卫星或手机传输数据。大多数涉及开发这项技术的公司仅是该技术的开发商。他们之中仍然有些独立的实体店试图将自己的产品出售给那些可能有也可能没有能力将其整合成一套系统的客户。

智能运送控制系统的优点包括：

（1）24/7 装运的可视性。

（2）数据来源于多个传感器——温度、卫生、湿度、速度、倾斜度、篡改及其他。

（3）这些数据成为一个能为管理者提供关键质量控制的测评系统。

（4）反过来，测量系统可使管理者确定经济损失（失水、货架期缩短、废弃物、报废、返程损失、召回）的发生点。

（5）更好的供应商(托运人/承运人)控制意味着更少的损失和减少负债。

（6）符合卫生、可追溯性和温度控制运输标准以及国土安全部和海关及边境保护(减少在边境等待时间)，并遵守食品安全现代化法案。

（7）改善的路线优先权。

（8）避免为客户提供货架期不一致的产品。

图 2.22 显示了对于单个装满食物的托盘容器,实时智能输送系统是如何发挥作用的。该图显示了一个海运容器中的 14 个托盘。该容器具有一个唯一的标识号与单个托盘的标签相关联。出货数据能显示每个托盘上的每个标签所测的温度和湿度（测量托盘的高和低,容器的前和后）。安装的额外传感器用于检测容器中潜在的爆炸物、污染物（细菌、化学品）,这是考虑到食品装运中会掺入这些物质,集装箱篡改传感器可在容器被打开的任何时间进行记录。容器中的干预测量可以由光线和运动探测器完成。

图 2.22　连接到集装箱的 Arknav 单元

该图显示了所有测量和遥感数据,通过 Arknav 模块进行传输,当集装箱在地面或附近时,该模块可通过手机（GMS）技术传输数据,当容器在海上或手机传输无法获得数据时便通过卫星技术获得数据。根据预先时间间隔（每小时或每隔几个小时）,Arknav 模块能够传输 GPS 信息,并且一旦传感器监测到异常信号,就能够发送电子邮件或手机警报。

该系统还可以让客户、海关保护局和国土安全人员获得 10＋2 信息。10＋2 是进口商和船只承运业务的一个安全档案。他们要求预先提供到达美国港口船只的数据。十（10）数据信息需要从装运产品的公司获得,二（2）元素是从船只公司获得。

这 10 个元素包括:

（1）进口商记录号码。

（2）收货人号码。

（3）卖方（业主）的姓名和地址。

（4）买方（业主）的姓名和地址。

（5）货物送达公司。

（6）制造商（供应商）的姓名/地址。

（7）原产国。

(8) 商品的 HTS-6 码(用于分类和识别特定的用于国际关税目的的货物国际标准用名和号码)。

(9) 容器填充物的位置。

(10) 集运商(填充物)的名称和地址。

此外,承运人必须提供其他两个要素,包括船舶积载计划和所谓的"集装箱状态信息(CSM)数据"。

如图 2-23 所示,所有的数据都是通过 Arknav 系统获得的。就供应商而言(见图的右侧),数据和趋势可由基于互联网的众多软件中的任何一个连接获取。随着数据被收集和传输,供应商和客户可以跟踪货运状况,包括产品信息、位置和条件(温度、湿度、卫生等)。

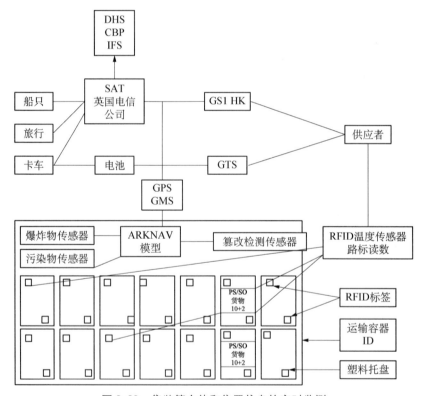

图 2.23 集装箱个体和位置信息的实时监测

本图的上部显示了,国土安全部(DHS)和海关边境保护局(CBP)对集装箱内部的货品持有查看权。这使他们能够优先检验服务。当代信息技术的快速发展为海关检查提供了技术支持,使得"快速追踪"运输得以实现——尤其是感觉货品是几乎和走私、恐怖、食品问题无关时。这样就不需要太多的边境检查人员，也有利于海关集中力量应对那些高风险的集装箱。

在图 2.23 的左侧，航运、铁路运输和公路运输公司都可以获得到货物信息，使他们能够及时调整计划、安排接货、提高所有物流利益相关者各方的整体效率。

图 2.24 是一个智能送货控制系统配送中心的运行情况。在图左上方，一个贴有 RFID 标签的温度记录标签、带有 10＋2 的托盘运入配送中心，发票和采购订单的信息都在 RFID 标签上注明。当托盘通过叉车在码头将卸载的货品装入卡车时，托盘通过可移动 RFID 的读取信息，传入固定读写器。读写器通过无线电信号将读取其中的托盘标签，并采集温度、时间和其他数据。该数据被发送到配送中心的库存控制系统，其中温度趋势可以查询，并用以承运商控制货运的能力。托盘通常是送到冷库，保证产品的温度维持在特定的温度范围内。当托盘移动到冷库中时，第二个标签读取、采集和存储数据，以确保托盘数据信息在配送中心得以延续。

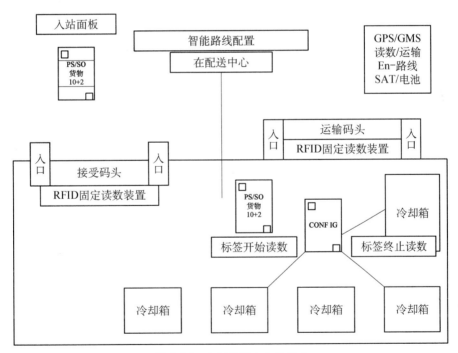

图 2.24　实时监控中心的分布

当零售商要求配送中心和专业区有序时，物品从不同的冷却器的不同托盘中取出，并放置在贴有新的温度记录标签的新托盘中。当物品装载到新的托盘时，每个物品的条形码被读取并与托盘标签进行匹配,从而提供了新的父子关系并可追溯到零售店。

在该图右侧的上方,托盘可由卡车传送至空运货车、餐馆或零售商。如果卡车拖车的配制类似于图 2.24 的方式,所有运输途中的数据就再次被采集并提供给供应商、承运商和客户。

2.7 ILC 装置

以上的案例描述了实时控制和报告真实货运情况的相对复杂和综合的措施。但也有其他不是基于 RFID 技术可用的硬件/软件解决方案,几乎不需要专业技能,易于安装和使用,而且能够极好地提供装货标识、位置和状况(ILC)。如果小批量购买,这些 ILC 设备的成本每个约 500 美元。它们是可充电、可多年反复使用,并且应被视为可回收再利用的资产。它们像手机一样大小,可以采集全球定位系统、温度、湿度、倾斜度、速度以及其他各种数据信息。

用户通过网上注册生成订阅账号,ILC 设备就可以为网上订阅用户预编程了。图 2.25 是一个在设置设备电源过程中的屏幕截图。设置设备电源决定了数据传输率。更长的电源设置要求传输频率低,数据传输越少意味着设备的电池将持续的时间越长。如果以小时为间隔发送数据,这些设备将可以运行数周。

ILC 设备预编程既简单而又直接,也不需要进行培训,如图 2.25 所示。如果易腐产品的温度极限是 50 °F±5°,那么在数据采集间隔(5 分钟,1 小时,每天一

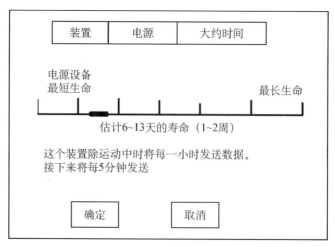

图 2.25 ILC 的预编程和其他装置

次，或任何需要的时间间隔）的极限是很容易设定的。该设备通常通过手机网络发送和接收数据，在长时间的海洋航行中不起作用。然而，依照温度、湿度等采集到的日期和时间信息与陆地上收集的 GPS 数据相匹配。GPS/时间/日期信息与 ILC 装置传感器采集的数据相匹配的过程允许 RFID 和相对湿度（RH）系统用户的 RFID 和相对湿度传感器所收集数据与采集到的 GPS 数据信息相匹配。其结果是一条趋势线，以显示出海洋运输中何时、何地的温度发生了变化。

图 2.26 为 ILC 设备数据采集后生成的线路图。此线路描述一辆在加利福尼亚州周围移动的卡车的装货和卸货量。通过登录用户的账户，卡车所有者、承运商或客户可以看到卡车运行的位置、路线和在 ILC 设备环境中所处的状况。

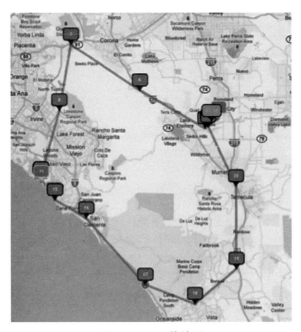

图 2.26　ILC 线路图

移动图中计算机光标的蓝色斑点将显示详细的测量数据，如图 2.27 所示。该表显示了当时采集和传输的数据信息（标记 21～23）。

图 2.28 和 2.29 显示了设备如何用 ILC 在整个远航中持续地采集数据。该设备失去了与陆地上手机系统的联系，但是一旦抵达港口将与新的手机系统联系。该绘图功能允许软件将洛杉矶与檀香山的端口相连接，从而可以呈现货物整个运输过程全部连续的数据。

标记 21-23

时间：2011 年 8 月 28 日 14 时 26 分 33 秒至 2011 年 8 月 28 日 22 时 48 分 33 秒

数据编号：4219-4221

设备：G2060

标记 21

时间：2011 年 8 月 28 日 14 时 26 分 33 秒

定位（GPS）：33：6863788 － 117.2435871

精度：29.865 米

GPS 定位：5 星期六

GPS 定位时间：25.74 s

温度：30.80 摄氏度

湿度：为 NaN%

压力：959.00 毫巴

海拔：432.00 米

高度（P）：461.70 米

速度：0.83 公里/小时

航向：66.60 度

倾斜：0.86 度

加速（MAG）：68.19 毫克

加速（X）：12.00 毫克

图 2.27　特定地点和时间的测量数据

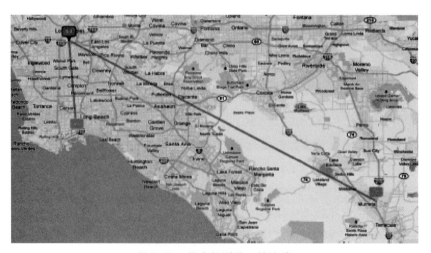

图 2.28　从农场到港口的追踪

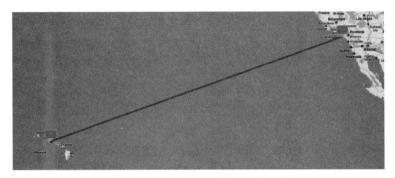

图 2.29　从洛杉矶到檀香山的跟踪

　　ILC 软件不仅能够完成以上所提及的高度复杂的数据采集、传输及其路径绘图，还有其他更多的功能。图 2.30 显示了整个货运过程中的温度趋势线，监测数据可以很直观地展示。温度的峰值和变化趋势非常直观。由此，可以查明产品运输途中可能发生的任何超出温度控制条件的时间、位置，极大地提高了管理效率。

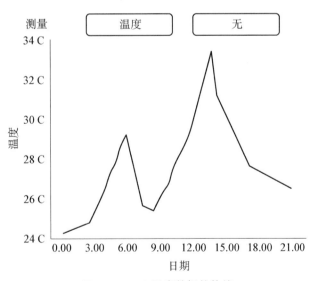

图 2.30　ILC 温度数据趋势线

2.8 RFID 系统

RFID 系统可以安装在冷藏集装箱(见图 2.31),一般收集来自货盘标签或集装箱壁的数据信息。安装后 30 分钟内,这个大的黑色读取器单元就被激活,再过 10 分钟就可以从标签上采集数据。四个螺钉将每个读取器单元固定住并在其周围用另外两个螺钉安装标签的天线。如果冷藏车被分为几个部分,就把不同的标签安装在挂车壁上的不同部位。读取器激活预先设定的所有基础标签(5 分钟,1 小时等),并且通过手机网络采集和发送数据。在拖车的前车厢有一个小孔,电话系统模块被安装在拖车前部的外侧(见图 2.32)。手机系统线路与读取器电源电缆并行通过拖车的前部,读取器由冷藏车压缩机提供能量。

图 2.31 安装在冷藏室的 RFID 系统

图 2.32 外部的 RFID 通讯手机安装

2.9 其他无线射频系统

有一种更先进的、开箱即用的、可快速安装的、基于温度传感器的可追溯系统。该系统不需要什么技术支持,可以在几分钟内设置完成。该系统不需要专门的技术人员,可以安装在整个供应链上对不同的环节进行温度和湿度的监测,如包装车间、配送中心、卡车/集装箱/飞机、生产和零售环节等。

这种先进的无线电频率系统已被设计成可将采集的数据信息和生成的报告发送到本地的任何一台笔记本电脑或台式电脑,并最终上传到中央系统。在一些标签监控设施状况的同时,一些异常情况可通过手机或电子邮件发送预警信号。

这些系统能够很容易地与现有的操作系统相融合,具有品质高、可靠性强及维护成本低的特点,而且能够承受整个产品运输过程中被监控车辆的高压和高温影响。

图 2.33 描绘了一个过于简化的系统,该系统是以供应商为核心,货品通过运输运到配送中心,之后再运输到零售商店。这是一个终端到终端的解决方案,能够覆盖供应链,将供应商和客户端运输水平的传感数据整合在一起。

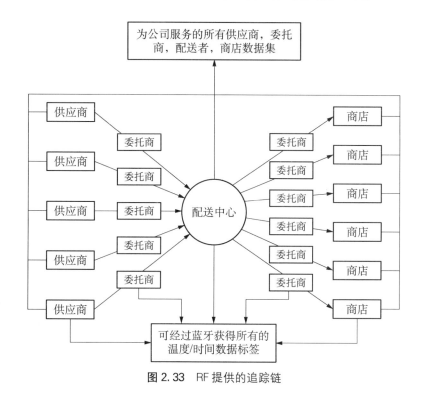

图 2.33 RF 提供的追踪链

当扩展到一个更大的网络时(见图 2.34),这些系统便能够提供不同复杂网络间更大规模传感器的监测和报告。

该系统在各种设备及移动单元中使用模块(见图 2.35)。设施和移动模块(数据记录器或标签)用以收集各自环境中的数据信息。传感器模块数据可以很容易地通过 USB 端口接入任何笔记本电脑或台式电脑,实现极低成本接收器的要求。数据可通过电脑网络访问获得。如果传感器模块远离接收机或脱离其视线,就不能将数据发送给接收器,这些数据传至中央计算机之前,转发器将会使数据从一个模块传送到本地接收器上。

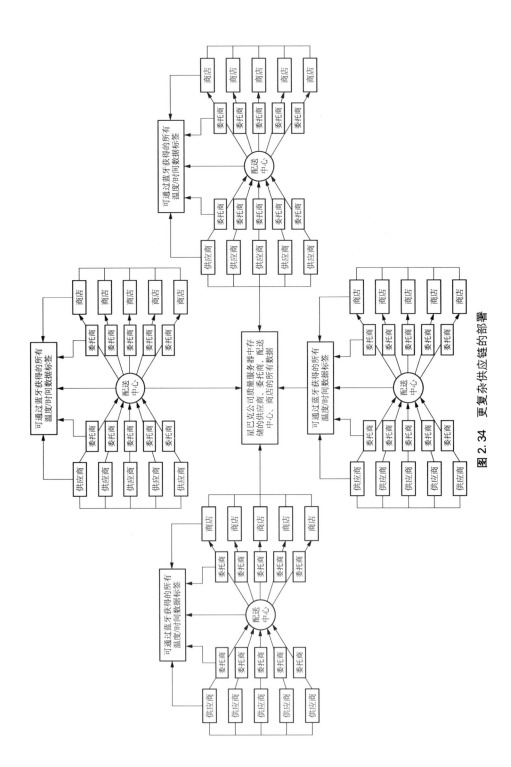

图 2.34 更复杂供应链的部署

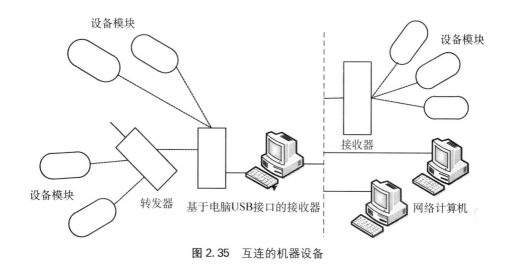

图 2.35　互连的机器设备

这些系统具有许多优点，其中包括：

（1）终端到终端的无线对接。

（2）易于培训和安装。

（3）需要技术援助最小。

（4）全天候报告。

（5）启用警报/报警。

（6）集中化/标准化的标签设置。

（7）可用于本地控制/责任的实时蓝牙数据。

（8）所有数据与企业高质量服务器。

（9）中央服务器提供趋势和报告。

（10）供应商、分销商和专卖店标准化布局。

（11）经过测试的防高压/高温冲洗的标签。

（12）每个个体采用多标签读取数据。

（13）不需要标签数据传输的可视路线。

（14）国际化应用（美国、欧洲、亚洲等）。

（15）不显眼的组件。

（16）质量好且性能可靠。

（17）所有标签电池可更换（无限寿命）。

（18）30～100 米的接收范围。

图 2.36 描述了传感器模块和读卡器如何在很多不同设施上使用。

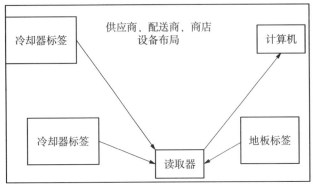

图 2.36　设备布置

移动传感器模块通常设置在移动冷藏车上，用于收集运输过程中的数据（见图 2.37）。一旦货物到达一个地方，可通过设施即将数据下载到系统中，并将所有数据收集和转发到中央服务器。

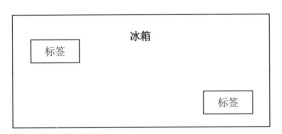

图 2.37　移动传感器布置

2.10　卫生问题

图 2.38 显示了食品运输过程中潜在的问题。收割箱堆叠在户外的地面上，箱顶是鸟的栖息场所。收割箱将食物从收获场地运送至包装车间，并在那里洗涤、整理和冷却，或者将其直接运送至其他一些场所。食品被收获放置于收割箱的过程一般是不受保护的，很难想象洗刷系统能够像下面所述的那样去除污染物。

图 2.38　等待收获季节的收割箱

近距离观察这些收割箱(见图 2.39),可以看出在运输过程中还面临着食品安全其他方面的威胁。箱子上布满粪便,十分肮脏并且遭到严重破坏。由于整理叠放得比较高,与产品一起收获的碎片可能难以被发现。

在运输过程中进行控制的目的是为了帮助食品运输人员获得可以达到客户要求的卫生和追踪水平的食品,防止潜在的责任问题,并且符合国际准则和有关食品安全和清洁运输的法律。

图 2.39　受污染的木质收割箱

图 2.40 和 2.41 说明了收割过程之后出现的问题。

图 2.40　等待被加工的已收获的柠檬

图 2.41　腐烂的收获箱导致的污染

图 2.42　等待收获用的收获箱

在运输过程中,当收割箱和搬运箱存储并用时,不利于保持食品清洁。作物在田间时就需要启动运输控制过程。收获的方式多种多样,处理的方式也应该随之变化。图 2.42 显示了运往收获地点的收割箱的情况。这些装箱子将装满产品,从田间运送至包装棚,接着通过清洗系统清除其上的污垢。

手装货物时,经常将要打包的箱子放在满是灰尘的地面上(见图 2.43)。对寻求食品安全认证的其他供应链而言,这种做法是不允许的。

图 2.43　收货季节

对比图 2.43 与图 2.44 收获照片。图 2.44 的工作人员戴着手套、身着长袖上衣、腰系围裙和面罩。工作人员不允许与食品接触。如果他们用于收获生菜的刀接触了地面，他们便需要使用一个新的清洁刀。该田间便是农产品开始其漫长旅程的起点。

图 2.44　用改进的收获过程保护工人和生菜

图 2.45　在早期的运输过程中保持食品卫生

图 2.46　移动的收割供应拖车

负责收获的人员从移动收获机上收获农产品（见图 2.46），这些移动收获机都是在工作日的前一天进行清洁的。生菜头一旦被收获，就被传递到移动准备站，去除莴苣芯，通过传送带（见图 2.45）送至一个干净、清洁的收割箱。该公司提供的供货拖车、雇用的收获员工和卫生方式代表了防止食品安全问题产生的管理思想和方法，这个过程涉及从收获到所有的运输阶段。

在另一个农场,用来堆放收获产品的托盘放在布满尘土的地面上,等待进入运送过程,被随便从田地里找东西盖上(见图 2.47)。这些木托盘不能清洗也不能消毒。不洁的托盘装上不洁的箱子,再被装上不洁的卡车便开始旅程。在其他农场和其他分销渠道,

图 2.47　堆放在现场木托盘

塑料托盘可以偶尔进行消毒并多次使用。当产品通过供应链时,有些塑料托盘装有 RFID 记录和报告标签,允许承运商和雇主们知道产品的位置和状况。

塑料托盘(见图 2.48)可水洗、可回收且不包含易吸水和含有污染物的木材。因此,塑料托盘很受欢迎,并可装载 RFID 温度跟踪标签。随着采集的温度数据传输到中央系统,这些塑料托盘洁净而且可被追踪。

图 2.48　塑料托盘

图 2.49　小的便携式卫生状况剂

图 2.50　温度和卫生控制缺失

在一些农场,开始对收割箱进行消毒(见图 2.49)。通过便携式设备用蒸汽或热水清洗箱子,该技术为各种规模的养殖场提供了消毒的解决方案。

图 2.50 展示了温度控制和卫生控制两个关联的情况。食物堆放在人行道上,人行道上到处是

痰、口水或者是丢弃的污染物,何谈温度控制。虽然这并非正常情况,但它代表了一个食物交接时完全缺乏控制的食品处理过程。在食品安全审核过程中,食品安全达标系统肯定会对这种情况扣分。

图2.51拖车上的血液残留物是运输过程中由于温度失控而造成血迹从肉品包装袋中泄漏出来的缘故。

图2.51　拖车上的血液残留物　　　　图2.52　用高压水冲洗以保持卡车的清洁

这些问题的解决方案是用高压水冲洗车厢内部(见图2.52)。现在很多卡车拖车都有制冷能力,要求拖车内部配备高压冲刷和温度控制装备,如图2.53所示。对于特定类型的食物,运输、承运商或客户要求控制水的质量和温度。这需要很多位于州际高速公路的卡车冲洗站提升它们的冲洗能力,购买和安装新的冲洗设备。这些设备比高压喷雾器更快,可以更容易控制,以达到既定的温度和时间要求。

就农场而言,像图2.53所示的便携式冲洗设备可挂接在普通皮卡车上拖走。

图2.53　移动的卡车冲洗装置　　　　图2.54　ATP检测

常言道,想知道梨子的味道只有自己亲口尝一尝。在前面的章节提到,将测试技术引进检查项目可以避免数据采集的主观性。三磷酸腺苷(ATP)的测试提供了可手持的微生物监测(见图 2.54),并且被用于验证冲洗过程。工作人员用蘸有溶液的一包棉签在卡车的洗涤区来回擦拭,然后将其放置在手持式测试装置(光度计)一两分钟,就可以读出表面清洁度的测试值。该试验是快速而又相对便宜的(约 2 美元)。

2.11　内部自动清洗和消毒

图 2.55 和图 2.56 描绘了可用于清洗池设置的系统。最基本的系统成本约为 70 000 美元,并且已在一些大型零售企业使用。虽然机器人系统具有优秀的冲洗标准,大型的运输集装箱可以很方便地冲洗,但是它仍然需要跟进多个移动手动喷淋系统,如图中所示。这个内部洗涤系统采用液压驱动,并且可以将其安装在各种配置上,包括装卸码头或无负载码头。这种系统有一个 2 分钟的洗涤周期,可提供温度和化学控制,目前已经在超市、货运飞机、海运集装箱、食品服务和肉类生产市场等地方使用。

图 2.55　机器人内部清洗设置(蒙大拿州、米苏拉市的一家美国卡车公司的图片)

图 2.56　正在进行内部清洗的机器人

2.12　联合运输

图 2.57 和图 2.58 显示了所谓的"联合运输"模式。随着运输工具转换,例如从卡车到火车,或者从卡车到轮船等,随着"联合运输"模式的不断增加,对保持货品温度、可追溯和卫生控制提出了新的挑战。

图 2.57 拖车移动至火车车厢   图 2.58 叠放的火车车厢

对于短距离的运输,不适用于"联合运输"模式。

如今,用于集装箱的可追溯性、温度监测和卫生设施的集成技术已经相当可靠,已被很多安全意识强的食品公司采纳。

第3章　在途食品安全审核和标准

本章将概述一个用于维持、审核和改善食品在途卫生、可追溯性、监测和记录保持的建议体系，该体系旨在防止食品在运输过程中掺假和变质。

简要回顾第1、2章的内容可见，尽管目前改善运输过程中食品质量和安全的技术已经非常成熟，但是整个运输过程的标准化和质量监控显然还是一个严重的问题。纵观诸多国家颁布的所谓"指导性"文件，表明国际上对食品运输过程非常关注，但是没有标准可以使用。

在美国，食品行业产值达 11 000 亿美元，涉及 2 100 000 个农场、25 000 家食品饮料加工商、33 000 家批发商、113 000 个食品和饮料零售商和 378 000 家餐馆和其他食品服务机构。除此之外，还有已经在 FDA 注册的 200 000 家国外食品机构。食品行业中的混乱无序，负面报道，激烈竞争，给食品行业造成巨大的经济损失，这是食品安全标准以及联邦法律的缺失而造成的。

生物和化学污染是近来导致食品召回并引起持续负面报道的主要原因。报道引导消费者提高"有机"（每年20％的市场增长率）"天然""本土""新鲜"食品的购买。大、中、小食品供应商通过调整来迎合消费者需求，但成效不大。因此，食品行业必须建立一个单一、适用于任何特殊供应链部门的国际食品安全标准。

新的食品安全现代化法案（FSMA）呼吁一份书面计划，该计划要求有危害分析、预防控制、监控、纠正措施、验证和记录保持。形成了 FDA 提出食品安全战略的核心，而且为食品安全运输标准的发展奠定了基础。

尽管普遍认为食品安全现代化法案中的大部分是需要 HACCP 的一种方法，但是这些 FSMA 法规与正式的 HACCP 要求有些不同。这一战略意义深远，是食品安全从过去缺少指导迈向依据科学的发展过程的良好开端。

图 3.1 展示的土豆收获，从农田到食品加工厂并没有包含卫生要求的程序。然而，假设一块农田被某种生物或化学污染物所污染，该污染物只存在于这一块农田，不会污染周围农田。假设在第一块农田收获的机器设备被掺杂污染物所污染，然后到没有污染物的第二块农田作业，农机设备很可能携带污染物从一块农

图 3.1　收获土豆

田(一种作物)到另一块农田(另一种作物),因此造成交叉污染。

　　解决交叉污染的办法是:使用便携式消毒器对农机设备进行消毒,较大的设备可以使用便携式高压喷雾器进行适当的清洗。

3.1　食品安全运输的质量

　　如果我们考虑制订一些涉及运输食品安全的质量问题,需要考虑两个方面:食品和过程质量,食品安全。

　　如果我们将质量理念应用于交通运输部门并且集中于承装食品运输箱的清洁、可追溯性、温度控制、数据、分析和管理问题以及这些问题的解决,那么我们需要把重点放在与收割箱、卡车、冷藏箱、集装箱、货板、轨道车辆、航空运营商等有关的目标上。

　　假设使用这些运输箱运送食品的过程是一个质量问题。我们也可以假设这些容器中的食品转运过程可能会被掺假。这就意味着运输是一个食品安全的问题。从食品安全的角度来看,我们知道预防是关键。如何预防呢? 我们可以依据HACCP原则引导运输商,我们需要监控、纠正、核实和记录。

　　监控、纠正、核实和记录均依托于数据,这就意味着必须建立数据的收集、分析和报告体系。

　　此外,对运输业而言,新出现的责任要求建立新的培训和雇用要求,并且迫使食品运输商进入一个以前从未遇到过的质量控制领域。

　　新的雇用要求和培训规范可能会涉及组织结构内的质量管理人员。质量管理人员一般要精通系统方法,这种方法需要建立持续改善、统计过程控制、自动化和闭环数据系,因果分析等质量相关的策略和工具。现在的食品行业,许多组织通常依据试验来为他们一直以来称作的"质量"提供数据和方向。这种试验一般采用实验室取样和分析的形式。但是,实验室人员是没有经过培训的质量管理人员,既没有经验又没有建立质量系统所要求的知识。从实验室试验到引导"质量"再到全面质量管理(TQM)的变化是显著的,需要时间,并且要求反思和重组。

经过培训的质量管理人员通常率先建立内部审核和审核工作组。

图 3.2 意在为内部和外部审核标准提供规划引导,并且可根据特定操作和需要进行修改和应用。

管理
　记录保持
　数据
　监督
　内部运作
　职员
　培训
食品安全性
　HACCP
　监控
　纠正
　核实
　记录
过程品质
（容器卫生和可追溯性）
　容器
　集装箱
　拖车
　航空运输
　轨道车
　托盘
　维护

图 3.2　计划预防性食品运输标准、数据和记录保存体系

3.2　内部审核和团队：为系统实施而组织

成立一个以总裁或首席执行官为首的顶层工作组是有必要的,并应包括对交货控制具有任何潜在影响的部门领导。顶层工作组应该包括所有职能部门,比如筹资部门。市场营销部想要与客户交流系统优势成为可能。质量部想要提供培训、标准解析以及在每一功能如何测量和报告其控制范围方面的指导。操作人员需要明白相应的可测量结果方面执行和承担交付的责任。

作为一种共同参与努力的结果,顶层工作组将会指导体系的落实和管理。顶层工作组的责任之一是选定一个负责内部审核的下层交叉职能工作小组。图3.3表示需要组织参与的范围。

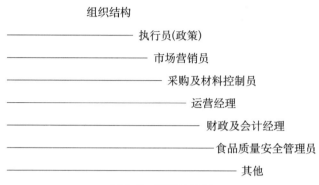

组织结构

──────────────── 执行员(政策)

──────────────── 市场营销员

──────────────── 采购及材料控制员

──────────────── 运营经理

──────────────── 财政及会计经理

──────────────── 食品质量安全管理员

──────────────── 其他

图3.3 组织结构图

必须建立运输食品安全内部审核工作组来代表体系内的不同部门。这个工作组需要编写程序并且监督其执行,同时要求测量和纠正措施以确保体系执行到位,确保遵守程序,完成测量和所需报告,并且确保与完成任务有关的所有必要文件齐全(见图3.4)。

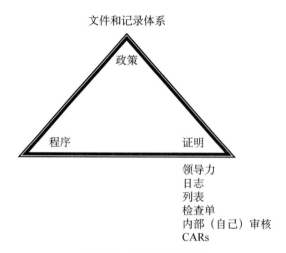

文件和记录体系

政策

程序   证明

领导力
日志
列表
检查单
内部(自己)审核
CARs

图3.4 文件和记录体系

在审核期间,内部审核工作组成员一般与认证审核员一起工作。工作组中任何一个人员在实施、测量、纠偏和记录方面的失误都意味着公司很可能不能通过外部审核。因运输过程中食品安全而设计的内审工作组与农场、食品加工厂、配送中心、加工者以及其他食品处理和运送组织所要求的食品安全内审工作组一样,它们的唯一差别在于,由于食品运输的本质,使得内审小组的责任可能会延伸到供应商和消费者那里。

图 3.5 是一个组织结构的例子,组织结构表明,总裁作为政策的规划者和内部的领导者,负责推动和监督体系的实施。总裁、副总裁、总监、经理和小组成员共同负责制订可测量体系的目标和任务,并负责确保需要时采取纠正措施并备案,然后由内部审核工作组成员负责执行。

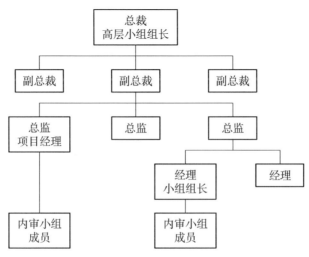

图 3.5　内部审核小组组织样例

3.3　持续改善工作组的概念

持续完善结构、内部执行和审核小组的方式,意味着内审小组成员被赋予一定的权力,在没有上级的情况下,内审小组成员经常能够而且必须做出改变决定。出于对失控和决策权的不安全感,很多成为小组组长的经理会这样做。这些经理人一般不会将感知控制让渡给他们的员工或者团队。他们是被训练来协助老板,而不是帮助员工。为了使这样的一个合作体系变成一种新的文化,经理必须无私地帮助他人提高成功所要求的技术。然后,他们必须愿意传递推动者或领导者的责任,并且不断提高全体小组成员的技术。

所有小组需要保存自己进步的记录。会议上,记录会议纪要的任务一般会由级别最低的人员负责。这绝对是一个缺乏坚定领导力和一个高度维护权威的现象。小组的所有成员应该轮着处理这类任务。

营造一种开放的、和谐的氛围至关重要。所有成员能够自由参与，不会出现调侃或者嘲笑的言论。所有员工参与的体系要求鼓励员工提出新的观点，且期待小组能够分析问题并提出预防性措施计划。在这种情况下，经理必须放权。之后这个问题就变成了一个尊重他人成功解决问题能力的问题。这就意味着，如果工作组同意尝试一个特殊的行动路线，经理不仅不会推翻决策，还有责任为工作组的成功清除障碍。

为努力帮助小组解决问题，经理应该接受高度参与、决策以及制订决策的行动项目。在会议室坐着来控制工作组的经理不是领导者，反而说明其因感知到自己没有权威而缺乏安全感。在会议结束后将会议中反对自己的员工叫到一边讥讽或恐吓他们的管理人员，也显示了其领导力的缺乏。这里有几种处理这类情况的办法，因为如果这种缺乏承诺的现象持续存在，员工参与和员工自主权体系就不会成功。缺乏自主权的员工就没有改进质量和安全的自主性。

每个改善小组的成长，小组和每个成员或早或晚必须解决诚信的问题。当分到或接受了任何一种行动项目，成员或下属小组必须尽一切可能完成日程上的分配或任务。个人诚信的重要性不可忽视。除了小组成员履行职责意识的缺乏，没有任何一种方式会使上层管理者更快地介入或干扰既定计划。

改变事物需要时间。事实上，如果管理人员能接受决策过程中的变化，并且做好准备，完成实施的道路将比其他方式来得容易。通常情况下，变化的阻力普遍存在，尤其是领导层不愿下放权力。

3.4   内审小组因果分析和管理报告

假定大部分公司对质量和食品安全概念及工具都不熟悉，那就很有必要强调基础的因果分析和报表工具。很多小组成员可能很擅长解决问题和采取纠正措施。外审标准要求的纠正措施和预防措施之间的区别基本上是一种因果分析、数据收集、跟踪和起因的消除。"预防"一词暗含着导致事情发生的原因和采取措施以消除或控制那些起因等方面的知识。更重要的是，如果一个团队或个人不能找出问题发生的根源，问题将永远得不到解决而且会反复出现。另外，如果小组不能合理地关注问题、识别潜在的原因、衡量问题、理解循环和持续改善，那么他们就不能控制问题。个人或小组没有正确地识别和消除原因的能力，这种情况是在浪费时间和金钱。

　　问题的重复"解决"以及增加人员来处理一些问题的结果提高了成本,进而降低了利润,导致错误集中于避免系统变化上(例如,在途食品安全控制要求的变化)。声称"时间不够"是组织和人员总不能清晰地识别原因和实施预防措施的一种状况。

　　图 3.6 是一个用于给小组成员提供问题起因分析的因果图(鱼骨图)[29],该结构图非常直观。一个内部工作组将被指定对付和解决这个问题,该小组由一些来自不同职能部门的人员构成。团队人员多元化可以确保成员用不同视角、知识和经验来解决影响组织的问题。

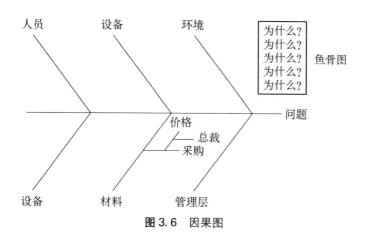

图 3.6　因果图

　　假如团队发现卫生环节出现空缺,表明了卫生环节中的一些容器错过了清洗过程。在图中这个"问题"可能会被识别为"缺少清洗"。小组组长会在白板上简单地画一条直线,在直线的右边写上"缺少清洗"。然后组长会画一些像图中所示的肋骨,在每根肋骨的尾端写上"员工""设备""环境"等。这些类别对于质量问题很常见,但是在使用鱼骨图的其他例子中,也有用到其他的描述符号。

　　这个策略被称作"五个为什么"。这个设想是,通过在分析的各个水平问"为什么",小组可以得到越来越接近潜在的或假想的原因。在我们的案例中,小组已经开始相信容器本身(材料)是问题的一个主要根源,而不是人力、设备、环境或机械。

　　第二个和第三个"为什么"已被确定为"采购",表明小组认为容器是在低于要求具有容器耐力或净化能力的价格下购买的。现在小组更相信总裁给采购经理发出的指示是"降低成本",而采购经理只需要做就可以了。可是这种情况导致了一个问题,就是在没有升级容器的要求时,既不能见到总裁,也不能和采购经理讨论问题,或者不知如何改变清洗程序来解决问题,那么这个团队或许不能解决问题。

现在小组被指定进行第二阶段的分析。由于小组测试了多种解决方案,这涉及追踪问题的情况。图3.7是用于追踪和报告小组进展的标准格式。其一般是单页的形式,容易放进幻灯片中来更新或告知上层管理人员关于小组的工作和进展情况。

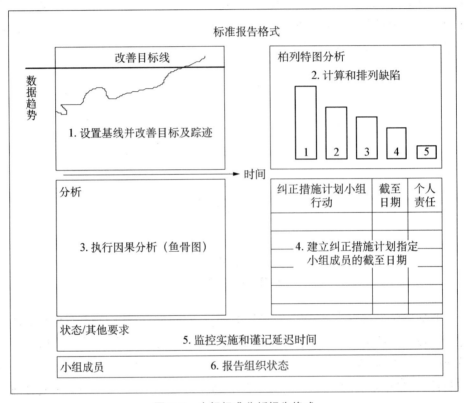

图3.7 小组标准分析报告格式

表格有许多这样的部分,包括改进追踪(目标线)、容器内各种污染缺陷类型的"帕累托分析"、鱼骨图、纠正问题的计划、状态线及一个记录从事上述工作小组成员名字的部分。

小组的责任从数据收集和一些简单分析开始,这些内容在短时间内可以学会。小组设定容器清洗管路末端的检查标准,并且开始收集两类数据。

首先,他们要计算每次(天、星期或月)检查的容器数量,并且记录要求重洗或手洗容器的数量(这增加了成本和人力,并且延长了处理的时间)。每周退回或重洗容器的数量汇总后除去通过清洗过程的总数量，获得的值乘以 100 得到"拒收率"，然后在合适的时间点标记在数据趋势上。一段时间之后，连接图表上的这些点就出现了一条趋势线。图 3.7 中的趋势线随着时间推移而延长。

收集的第二种数据类型叫作"缺陷"数据，要求对观测到的每一个退回容器的每一类缺陷或问题进行分类。例如，小组可能会记录容器特殊地方的某种污染物类型；也可能记录受损或者其他可见的容器被退回的原因。这些数据用于建立一个叫作"帕累托分析"的柱形图，它在每周的基础上仅仅合计每一种缺陷的数量并用柱形展示。这些柱形自右向左、从高到低依次排列。

小组从第一个也是最高的柱形开始工作。现在他们有一条趋势线且集中于一个特定类型的问题。他们需要使用图 3.6 所示的因果图对这个特定缺陷进行因果分析。因果分析的结果会显示在标准报告格式（见图 3.7）的第三栏图表中。

小组可以使用它所需的数据采取措施以解决容器清洗之后具体缺陷问题存在的原因。

通过讨论，小组决定了任务项的清单由不同成员来完成。每一个任务项按照发生顺序列出来（第四栏"建立纠正措施计划"），然后小组的每一个成员承诺在截止日期之前完成自己所分配（或自愿领取）的任务。

再怎样强调小组每一个成员按时完成特定任务的必要性都不为过。如果一个成员因为出席下一次的会议而没有准时完成任务，那么整个工作组都会错过最后期限。由于这个报告是汇报给上层管理人员关于问题解决的情况，错过最后期限不是一个有利局面。小组成员的承诺和责任是解决问题的关键。

第五栏（"监测……"）是为组长记录小组可能遇到的相关障碍问题而保留的。障碍可能是以上层管理部门的阻挠或不支持的形式出现的。需要谨记的是，上层管理部门的员工和工作组必须通过消除下级小组所感知的任何内部部门间的障碍来支持他们。

第六栏（"小组成员"）是参加会议的成员的一个记录。会议一般每周一次，用以更新标准报表趋势、帕累托分析、活动日程和完成情况。小组负责通过检查更新来确定采取措施后的效果。

去记住任何一套措施在其实施中，当趋势线中出现改善时以及帕累托图缺陷柱上出现缺陷率之间将有时间延迟是很重要的。

鱼骨图和标准报表一起形成了一套非常强大的、旨在发现问题和解决问题的预防措施。根据外部审核程序的要求，纠正和预防措施的计划和实施是符合标准的关键部分。

这套举措只是内部审核工作组责任的一部分,还包括使用外部审核检查单检验和纠正那些可能与检查单不一致的条目。每个成员需要拥有一份完整的外部审核检查单的副本,并且分配或指定每个职能或跨职能工作组处理单个或整体活动事项。一旦所有或至少大部分外部审核检查单事项达到一个适当水平,就可以安排外部审核。标准报告格式和鱼骨图方法或许可以应用于不达标问题的任何外审检查单事项。

3.5　外审和外审员

外审被视作时间上的快照。外审程序意在评估一个参与者减小由微生物病原体导致污染风险所做的努力。一般组织的内审小组认为实施已达到足够高的水平,且极有可能通过外部资格审核的时候才安排外审。

谨记外审会使用一些包括"自动故障"部分的计分体系是很重要的。通常情况下,任何的特殊审核都会有一个总分,要求通过的最少分可能是60%、70%或者80%。当外审人员检查自动故障项时,未达标的项目将会立即停止审核。内部审核团队需要保证处理好所有自动故障项来确保达标。若没有达标,公司会支付关于重新安排审核和重审方面的费用,并且重付外审员的差旅费。外审员将收取首次和第二次审核的费用。

所有的一切都是为了通过外审、遵循标准、取得认证。遵循标准和持续改善可以通过执行过程和证明执行过程的证据提供,这些过程旨在通过纠正、预防和其他措施来证明体系的维护和管理。

通常情况下,一旦外审员到位,就应该受到相应的管理和工作组人员的欢迎。将会举行一个介绍会,会议中外审员将仔细检查审核的程序并介绍所有参会者。会后有一个操作巡察,之后外审员将开始正式的审核。外审要求的时间和收取的费用取决于操作的地点、规模、员工数量以及复杂性。一个小的清洗卡车操作可能需要4个小时,费用大约500美元,然而一系列承运人的操作可能会需要几天时间并花费几千美元。审核员的差旅费通常加在基本审核的费用上。外审的频率范围从每年一次到每3～5年一次。

审核的过程中,外审员将口头告知小组成员存在的问题。小组成员应该仔细聆听、仔细查看,因为从初次观察至审核的结束期间,外审员允许小组成员采取纠正措施,这是一种惯例。

在审核过程中,任何失分项目将会被要求在规定的时间内进行纠正。必须尽快与外审员讨论未达标的外审检查单并尽快进行处理,以降低内部小组成员误解或忘记外审员的关键评论。

食品安全审核都是基于每年一次(或更多)的目测检查,审核由 USDA、FDA、GFSI 或者任何其他审核体系执行,且取决于(如果有的话)少量的硬数据和已经被证实的少量预防结果。

如果一个转运商牵涉召回事件,FDA 将提取生物和化学样本,并无视任何食品安全证书,将那些被发现影响人体健康的污染物与当地污染物和污染物来源相匹配。

一个典型的审计工作议程如下:

(1)首次会议:确认委任细节、介绍审核员和审核联系人、确认范围和一天的议程。

(2)操作巡察:巡察的地点取决于设备或操作的类型,但也可能包括储藏区操作、员工设施、维护、化学和其他的储藏区、档案和数据中心。审核员很有可能会面见负责容器卫生、可追溯性、温度监控、维护和记录保存的员工。

(3)食品安全文件(文书工作):审核结束后,审核人员一般不接受书面证据。检查单一般会指定需要保存记录文件的最短期限。需要维护和检查文件系统。

(4)HACCP:HACCP 计划和实施文件对审核都很关键。在首次会议时,审核员经常需要检查 HACCP 计划。

(5)容器卫生和安全:审核员要目测确认容器卫生和安全措施。

(6)可追溯性:审核员将检查和要求检查可追溯性和在途体系的功能和维护。

(7)审核员安静时间:审核员结束一天的工作后,需要一个安静的地方和时间去打分、阐明记录并准备在总结会议上用的问题答案。

(8)总结会议:内部审核小组成员和一些管理人员一般会参加总结会议。会上会与内部成员详细地讨论审核中的发现。根据审核制度,审核员可能给也可能不给参加闭幕会议的人员以最终的分数或通过/失败的最终决定。审核员通常会尽快地完成他们的最终报告,而认证机构将在几天内通知公司他们的分数和状态。

不同的外审员区别很大。一个外审员可能给内部审核小组提供一些帮助甚至会在审核期间建议团队如何修正不足,而另一个审计员就可能会坚持询问问题和记笔记。一个审核员可能会穿着权威和重要性的制服,而另一个审计员可能

"只是在做一个工作"。内审工作组组长应该尽量使外部审核员舒服,并在首次会议上提供水或者咖啡。大多数外审员不会品尝任何食物,也不会在他们直接审核的内容之外想要或要求任何帮助。提供免费午餐被认为是不恰当的,但也有一些审核员可能会接受邀请。然而,免费的午餐违反了利益冲突规则,内审小组和公司经理应该避免这类建议。

外审员经常被要求训练新的审核员。这是在被称作"阴影"访问期间完成的。言下之意是实习生会观看注册审核员,或者审核员观看实习生进行审核并根据经验纠正实习生的行为。内审小组不应当因为牵涉到"阴影"情形或审核费用中包含实习生的花费而感到意外。

涉及容器卫生所要求的卫生状况或其他化学物品的使用的维修站、运营操作及其他需要拥有材料安全数据表(MSDS)、记录和组织文件,并且在外审之前应确保这些化学物品符合 HACCP 计划的要求。内审小组必须确保为外部审核员整理和提供 MSDS。化学物品可能用于卫生和控制虫害的过程。审核员一般会要求查看所用的化学物品,并记录几个样品的样品信息。如果审核员之后想要看MSDS 单中的化学药品,就会用到这些样品信息。维护区内所有化学物品的MSDS 单都需要整理和归档,并确保审核员能够容易找到和查看。得分与否可能就取决于 MSDS 文件的维护。

3.6 在途标准：概要和组织

本书建立的标准分为以下几个部分,每个部分通过相应的字母标示：
(1) 容器管理系统(M)。
(2) 容器的危险分析与关键控制点(HACCP)。
(3) 容器的卫生(S)。
(4) 容器的可追溯性(T)。
(5) 职工培训(TR)。
(6) 培训和认证(C)。

3.6.1 容器管理系统(M)标准

管理部门要求食品运输公司建立政策、程序以及为日志、记录和维护体系、体现管理承诺和证明其他记录的一个文件体系。这个体系需要管理和检查。容器管理体系也需要一个 HACCP 计划,该计划包括纠正和预防措施行动。容器管理体系要求建立一个记录保持系统,系统会将特定的容器卫生与可追溯性匹配以查到任一容器 ID 号,记录数据至少可以保存两年。所有的审核和认证均要求检查容器管理体系(见下文规则)。

管理体系的要求包括若干标准。要通过这类认证,一个运营商可能只需要获得最少的分数。每一个标准需要与不同审核阶段所用的审核单匹配。

图 3.8 展示了管理体系组成部分的概要标准。这些标准与很多国际标准组织文件中的叫法非常相似。这样做是为了使在途管理体系要求与其他、更多建立的标准保持一致,比如先前在国际上已经提出指导的那些标准。第 4 章中将会更加详细地讨论管理标准。

M	公司集装箱管理系统	
M101	在运输期间,防止食物掺假的卫生设施和可追溯性政策	10
M102	公司集装箱卫生和可追溯性手册存在	10
M103	公司组织结构图是有效的	10
M104	责任分配	5
M105	年度审查	5
M106	公司有 HACCP 集装箱卫生和可追溯性的计划	25
M107	HACCP 记录存在确认 HACCP 计划的实现	25
M108	组织和维护过程的系统建立	10
M109	建立程序管理、环境卫生、可追溯性和培训	15
M110	容器卫生和可追溯性记录必须保存至少两年	10
M111	定义预防措施系统	20
M112	预防措施记录存在	5
M113	因果分析过程存在	15
M114	纠正措施记录表明纠正措施程序	5
M115	系统提供快速记录数据建立召回	25
M116	集装箱运输和持有记录	25
得分	总得分	220
得分	需要通过最小分数(70%)	154

图 3.8　集装箱管理系统管理标准

M106 项是一自动故障项。这需要 HACCP(或类似于 HACCP 的)计划。这是一个必需的元素,缺少 HACCP 计划将要求外审员停止认证程序。应当指出,维修站不要求 HACCP 计划,但是 HACCP 计划适用于运营商拥有和运送的货车及容器。

3.6.2 容器危害分析与关键控制点(HACCP)标准

HACCP 程序准则本质上都是纠正和预防性的。危害的识别及关键控制点的确立,是程序控制以及为测量、监控、纠正和记录一个体系的方法来不断改善运输食品安全做准备的基础。在这种情况下,小组可以依靠比直觉管理的方式更为常见的更细的操作方法。

图 3.9 和图 3.10 概述了 HACCP 计划和实施标准。它们包含了 39 项,共338 分,237 分及格。这个文件适用于公司和审核员为在第 5 章中描述的HACCP 七大原则的计划和实施组分作准备和评估。

HACCP 参考	HACCP 系统 系统组件	分数
	HACCP 计划	
HACCP101	HACCP 计划存在	20
HACCP102	程序支持计划	15
HACCP103	团队支持	5
HACCP104	HACCP 培训正在进行中	5
HACCP105	有所有位置记录的具体信息	5
HACCP106	危害识别	15
HACCP107	控制点标识	15
HACCP108	关键点确定	15
HACCP109	监控程序保证关键点	15
HACCP110	纠正措施保持商业不存在掺假食品	15
HACCP111	记录保持对文档控制点监控	15
HACCP112	列出验证活动	15
HACCP113	HACCP 计划签署和记录时间	10
	可能总得分	165
	需要通过最小分数(70%)	115.5

图 3.9　HACCP 计划标准

	系统组件	
HACCP114	执行监测和记录程序	15
HACCP115	记录包含实际值	5

（续表）

系统组件		
HACCP116	当数据需收集时,被记录	5
HACCP117	综述记录和时间	5
HACCP118	记录格式满足一般需求	5
HACCP119	执行记录评审	5
HACCP120	记录评审	10
HACCP121	采取纠正措施	5
HACCP122	纠正措施防止食品进入商业流通	10
HACCP123	记录纠正措施	10
HACCP124	执行纠正措施和评审记录	5
HACCP125	采取预防措施	10
HACCP126	记录预防措施	5
HACCP127	预防措施的记录评审在时间表中	5
HACCP128	预防措施的记录评审被完整综述	5
HACCP129	仪器校准	5
HACCP130	建立校准程序	5
HACCP131	审查校准记录	55
HACCP132	校准记录审查保证程序一致性	5
HACCP133	执行验证活动	5
HACCP134	验证包括投诉、校准、监控和记录审核	5
HACCP135	记录验证活动	5
HACCP136	纠正措施完成后,需要验证	5
HACCP137	维护 HACCP 记录	5
HACCP138	要求维护 HACCP 两年记录	5
HACCP139	HACCP 记录副本	5
HACCP	可能总得分	160
得分	需要通过最小分数(70%)	112

图 3.10　HACCP 实施标准

危险分析与关键控制点(HACCP)的七大原则:

(1)危险分析。识别与食物相关的潜在风险和控制风险的措施。风险可能是生物的,如微生物;或化学的,如毒素;或物理的,如毛玻璃或金属碎片。

(2)确定关键控制点。这些关键控制点可以在食品运输期间控制或消除潜在的风险。例如蒸煮、冷却、包装和金属检测。

(3)建立控制点关键限值的预防措施。例如,对产品来说,可能会包括设定保持储存寿命和预防变质所需的最低和最高温度。

（4）建立监控关键控制点程序。这样的程序可能包括决定应该如何以及通过谁来监控温度和湿度。

（5）建立纠正措施。它适用于不能满足一个关键点限值的时候，比如因为不能维持最低或最高温度而对食品进行再加工或处理的情况。

（6）建立确认体系正常运行的程序。如测试时间、温度记录设备或者冲洗水的温度来确认冷藏装置的正常运行。

（7）建立关于 HACCP 体系的有效记录保持系统。它包括风险记录及其控制方法、安全要求的监控、纠正潜在问题采取的措施。

每一个原则都必须有可靠科学知识的支持，例如，发表的关于控制食源性致病菌时间和温度因素的微生物学研究。

书中建立的 HACCP 要求分成两个部分：计划和实施。在途注册审核员必须在 HACCP 原则和实践中培训，这是作为执业的先决条件。这是为了确保审核员熟悉 HACCP 审核原则和胜任评估 HACCP 计划，或者其他任何在形式和功能上与之相似的计划。

图 3.9 是需要以书面计划记录的常见 HACCP 计划问题的清单。计划因货车、容器和通过运输过程运送的产品类型而不同。第 5 章包含了一些 HACCP 计划单。在进行审核之前，外审员将检查和批准计划。第 5 章详细地讨论了每一条款，并且提供了关于内部和外部审核员要求的指导。

3.6.3　容器卫生(S)标准

有很多公司采用容器卫生程序。第 4 章评论了这个计划以及程序、文件和记录保持的发展，程序可以让一个审核员确认公司对容器内部进行了清洗、消毒和检测。容器卫生也要求员工得到适当的培训，以及容器拥有者和使用者执行自我检查或者内部审核，如果发现容器不符合规格则应采取纠正措施。

卫生体系的要求包含 17 条现行标准，最高可获得 255 分。图 3.11 包括编号的系统组分、分数和期望文件，还有审核项的细节描述。每一个标准对应不同审核阶段所使用的审核单。通过管理体系的最低分是 158，这个组分占总分值的 70%。

S115(虫害控制)和 S117(容器专用)是自动故障项，如果检测到没有符合标准，将要求外审员终止审核。

S	容器卫生	
参考	系统组件	分数
S101	预防容器掺假	20
S102	容器卫生程序	15
S103	容器具有唯一的编码	10
S104	每个容器唯一的 ID 号在记录中维持	5
S105	容器卫生	5
S106	容器检查	5
S107	检查数据表可用于清洗前后用	5
S108	如果失败,容器被重新消毒	10
S109	如果失败,容器被重新检测	10
S110	容器 ATP 测试数据	20
S111	水来源被记录	5
S112	清洗用水按照城市每年的标准进行测试	25
S113	水质必须符合城市标准	25
S114	清洗用水的温度每年验证	10
S115	清洗容器里若有害虫证据则自动失败	20
S116	温度测量设备校准	10
S117	容器专用于食品运输	25
得分	可能总得分	225
得分	需要通过最小分数(70%)	157.5

图 3.11　容器卫生标准

3.6.4　容器可追溯性(T)标准

容器必须遵循一个公司建立的可追溯性计划,员工必须被培训以实施和遵循计划。该计划及其实施必须通过记录检查、内部审核和管理层审核管理和监控。纠正措施是必要的,尤其是在召回或涉及食品运输容器意外的事件中。容器的可追溯性也可以认识到货板层追踪系统的必要,该系统可以避免运输商在食品生产商和供应商没有充分保护食品掺假或变质事件中的责任。

大多数公司对容器的可追溯性要求感到陌生。可追溯性讨论、指导和建议标准(如 ISO22005)已经专注于食品的可追溯性,而不是容器的可追溯性和控制。因为先前定义的容器(收获仓、货板、拖车、火车等)是被视作与其运输食品相分离的,而它们的维护需要为运输过程中运输食品准备,也因为它们是宝贵的资产,因此就成为可追溯性对象。

在这种情况下,基于 ISO 22005 为食品建立的可追溯性标准就被应用于食品运输容器。可追溯性系统要求包含 17 条现行标准,可获得最高分为 255 分。图 3.12 中包含了审核项的描述。每一个标准与在不同审核阶段所用的审核单匹配。通过管理体系部分的最低分是 179,这个组分占总分值的 70%。

T	容器追溯	
参考	系统组件	分数
T101	一个集装箱可追溯系统已经定义并就位	15
T102	可追溯性计划	20
T103	职责	20
T104	培训计划	20
T105	能力	5
T106	监控	15
T107	记录	25
T108	性能	15
T109	内部审计	15
T110	管理评审	5
T111	纠正措施	5
T112	存在召回程序	15
T113	召回系统已经测试	15
T114	托盘可追溯	25
T115	容器干预	15
T116	存在事故控制程序	15
T117	存在事故控制记录	10
得分	总得分	255
得分	需要通过最小分数(70%)	178.5

图 3.12 可追溯性标准

3.6.5 员工培训(TR)标准

员工培训标准包括卫生、可追溯性、培训记录保持及控制人员分配来防止不合格人员执行卫生或可追溯性功能。图 3.13 列出了每一组分的培训标准。

C	培训和认证
C101	TransCert 培训和认证程序
C101	审计人员和检查人员由 TransCert 认证
C102	其他培训
C103	审计人员和检验员培训
C104	安装程序培训
C105	培训师培训
C106	培训师认证

图 3.13　培训标准

3.6.6　审核机构培训和认证(C)标准

食品在途审核机构利用培训和认证程序,确保人员执行审计、容器卫生援助或可追溯性系统安装和测试的人员得到适当的培训和认证。图 3.13 展示了这些标准的概要。

3.7　认证规则

飞机、卡车、船运容器、货板和所有承载食品或运送食品的容器都必须通过HACCP 计划编号、控制、归档记录、卫生、测试并具有可追溯性,并且符合由标准确立的纠正措施、验证、记录保持和其他要求。

标准将有助于企业遵守新发展的食品安全物流法。运输证书认证将颁发给符合这些食品物流标准的公司。

一旦通过认证,公司就可以向严格要求供应链控制的消费者宣传自己的合格状态。体系提供有两个认证等级:部分和完全。那些遵循卫生和可追溯性安装标准的运输商也可也获得认证证书。维护站和食品运输商以类似的方式获得认证。

注意:一个公司可能从许多认证类别中选择(见图 3.14)。标准认证意味着个体、维护站或者运输商必须通过选定认证等级要求的所有标准类别。例如,MS1,2 级要求维护站实施和通过管理及个体追踪安装程序标准。在这个例子中,维护站被期望去维护管理标准并满足对可追溯系统安装程序的所有要求。

1 级认证：公司必须符合 M＋TR＋S 或 T(计算最小得分)。
2 级认证：公司必须符合 M＋TR＋S＋T 最低分数。

水平	等级	个人认证	标准要求
等级 1	I1	认证洗手液：洗，清洁和测试	C
等级 1	I2	认证跟踪安装程序	C
等级 2	I3	完全认证	C
等级 1	MS1	认证消毒站	M＋I1
等级 1	MS2	认证跟踪安装站	M＋I2
等级 2	MS3	完全认证 transcert 站 航空公司认证	M＋I3
等级 1	C2	可追踪的认证的载体	M＋T＋TR＋C
等级 2	C3	完全认证的载体	M＋S＋T＋TR＋C

图 3.14　认证类别

1 级——部分认证。1 级认证要求公司已经实施并通过了可追溯性或者卫生运送要求的审核。1 级认证为达到 2 级(双)认证建立很多基本要求。

2 级——完全认证。2 级认证要求一个机构既要通过可追溯性标准又要通过卫生审核标准。

3.8　认证类别

图 3.14 展示了对个体、维护站和运输商应用 1 级和 2 级认证要求的各认证等级及其要求的标准。在审核之前，审核机构和外审员需要清晰、准确地界定组织希望认证的等级和类别。

一个卡车拖车清洗公司的员工也许不会安装或维护可追溯性技术，但是仍想只要 1 级 I1 类的认证。

另一方面，一个完全认证的运营商将选择按照 HACCP 计划要求进行公司的管理和容器的消毒、安装可追溯性设备和系统、培训自己的员工(师资培训)，甚至包括发展自己内部的程序和标准。

3.9　文档和计分体系

文档和文档获得分数代表审核员要求主要证据来源的合规性。而且，文档需要的程度是原件,该原件是具有原始签名,是手写的,而不是电子版的,这是目前正在讨论的一个主题。

图 3.15 展示的是样本文件参考代码和一个审核评分系统。例如,"POL"表示要求的一个政策,其最高可获得 10 分。建立分值结构是为关于每一文件类型的感知重要性提供参考。

文档引用
POL＝政策－10
PL＝计划－20
PL＝过程－15
D＝文档－10
O＝观察－15
R＝记录－5
L＝日志－5

图 3.15　参考文件

后面的章节将扩展上面简述的基本标准。每一章都将提供内部和外部审核员的指导以及审核员检查单、程序、表格和其他有用的文件及规范。

第4章　体系管理和记录保持

本章意在探索、建立体系管理和记录保持标准用以防止食品在运输过程中掺假、变质。具有 ISO 或食品安全认证的大部分公司应该已经建立了体系管理和记录保持要求。为了与本章讨论的标准一致,先前已经获得认证的公司必须对他们的规划和管理文件做出一些改变。另一方面,为了符合记录保持的要求,记录保持还需其他的记录(电子或其他)。

4.1　管理体系(M)

本部分介绍食品运输公司或涉及转运食品的公司如何建立管理策略、程序和日志管理体系、记录和其他维护体系的记录,以及能够对管理体系的内容进行管理和审核。容器管理体系也要求一个包含纠正和预防措施的 HACCP 计划。容器管理还要求建立一个记录保持系统,记录保持系统应能够具有可追溯性的特定容器卫生与仅有的一个容器 ID 号相对应,并且记录数据至少维持两年。所有的审核和认证活动都需要由容器管理体系提供支持。

今天,已有众多不同的履约机构标准,且这些标准都需要对认证的内容进行管理,对运输公司来说,在现有的已经建立的认证程序中增加一个食品安全运输内容应该是比较容易的事情。

对大部分当前的标准而言,一项管理内容的存在足以证明国际标准化组织将最终对食品安全行业产生影响。从经济视角来看,尽管至今还没有显现出明显的经济和商业效益,但是 ISO 认证体系已经在很多产业发展得很好。但是当一个 1 级的公司采用这些标准,他们将要求其供应商采用同样的标准,并且逐渐要求某一供应链的所有成员采用同样标准,国际标准在这种情况下发挥强大的作用。其他标准不一定具有如此明显的级联效应。例如,ISO 管理标准要求一个公司的供应商符合 ISO 标准,然后那些供应商要求他们的供应商也符合 ISO 标准。当一个 1 级公司得到 ISO 认证,他们被要求只能购买来自 ISO 认证的原料。当 2 级供应商变成 ISO 认证,反过来他们也被要求只能购买来自 ISO 认证的原料。其效果是 1 级 ISO 标准并没有直接要求下游供应链,但通过级联效应致使数以百计的下游供应链成员符合要求顶层 1 级经济单元满足的任何 ISO 标准(质量、环境等)。

相同的级联效应贯穿整个食品供应链。食品供应链存在的问题是:在国际上甚或一个国家还没有任何认证或采用单一的一套 1 级标准。方向的缺乏导致在供应链中任何位置的食品供应链管理者去维持各种来源认证。例如,分销商为主要 1 级零售商或餐饮实体提供半打新鲜蔬菜的事例并非罕见。而且那些 1 级实体商为他们的整个组织采用不同的标准也很普遍。分销商必须为他们的每一个 1 级客户要求的每一标准建立一个体系。这意味着他们必须得到不同认证机构的不同标准的认证。

而 ISO 标准可能最终会成为国际食品安全认证标准,虽然全球食品安全倡议(GFSI)目前拥有食品安全认证策略方面的领导地位,并且一些 1 级的企业目前有进行 GFSI 认证的需求。

GFSI 宣称成为基于 ISO、CODEX 和法律指导的食品工业[30],目前包括以下部分:

AI 动物养殖业。

AII 水产养殖业。

BI 种植业也。

BII 谷物和豆类的耕作。

C 动物转换(包括在 2011 年 8 月的标准中)。

E1 植物产品预加工处理。

EII 植物易腐产品加工。

EIII 动物和植物易腐产品(混合产品)加工。

EIV 环境稳定的产品加工。

L 化学(生物)产品。

M 食品包装产品(包含在 2011 年 8 月的标准中)。

以上标准不包含运输行业的食品安全指导,但是 GFSI 承诺在后续的两年间会有运输指导,如"运输和储藏服务条款(易腐食物和饲料)"及"运输和储藏服务条款(稳定食物和饲料)"。与所有 ISO 标准体系以及其他认证体系共同之处在于,GFSI 所要求的食品安全管理体系要求包含下面的审核和实施要求:

(1) 基本要求。

（2）食品安全策略。

（3）食品安全手册。

（4）管理责任。

（5）管理承诺。

（6）管理复核（包含 HACCP 认证）。

（7）原料管理。

（8）基本文件要求。

（9）说明书。

（10）程序。

（11）内部审核。

（12）纠正措施。

（13）不合格控制。

（14）产品发布。

（15）购买。

（16）供应商绩效监测。

（17）可追溯性。

（18）投诉处理。

（19）严重事故管理。

（20）评估控制和监控设备。

（21）产品分析。

如 ISO 和其他标准通常采用系统管理的要求一样，上述内容没有体现和公司经营业绩相连的公司表现。如果公司管理小组在供应链任何层级（有很多这样的公司）都有食品安全标准、在其所有的体系中均奏效，而且能够确保食品安全（科学的方法或其他方法），那么就很少有和不符合标准控制有关的投资回报的指导（上述 GFSI 第 13 条）。

例如，公司常见的一个现象："本工厂安全生产第 XXX 天。"自上次事故或伤害的天数是遵守职业安全与健康管理局（OSHA）标准的认证和认可标准的重要的衡量指标。安全生产无事故天数是衡量遵守 OSHA 标准的客观指标。虽然不能确立安全生产无事故天数与遵守 OSHA 标准两者之间的因果关系，但两者有一定的相关性。

需要遵循如此混乱标准的食品供应链、众多公司被要求取得并符合不同标准的认证以及必须花费不合理的人力和财力去迎合各种不同标准，不能不说困难重重。

　　不少企业都陷入了这样的多项审核格局中,但是还没有将认证与企业目标相关联。他们为这种状况忙碌而烦恼。并且这会导致混淆：符合标准仅仅成为摆设,而不是一个经营性需要。这意味着,很多公司倾其所能去取得认证,其目标仅仅是赢得消费者的好评,而不是控制运送温度,避免导致顾客拒绝收货的事故次数。一旦发生货物拒收,就变成了以被量化、衡量、监测、纠正和控制的成本问题。

　　所以为什么标准认证机构不去建立和促进或者要求企业影响作为符合标准认证的证据,而是要求成堆的文档证据? 为什么没有衡量和证明影响的更严格和更客观的数据要求? 在一定程度上,实施审核业务的公司有些陷入利益冲突的环境。这些机构通过建立标准和认证公司获得利润。如果标准过高,需要审核的公司将不能通过认证,如果他们认证失败,他们将失去顾客。如果他们失去顾客并且失去业务,审核机构将不再拥有那个客户。因此,如果建立的审核标准与遵守标准影响的客观标准相一致,任何独立的审核机构都难以避免倒闭。

　　一个很好的例子是一个基本的水检测标准。农场的水一般每年必须在水源处检测,且检测报告必须至少证明水适合饮用。每年水样被送至实验室进行分析,报告上有大肠菌群的水平,审核过程中需要审查水检测标准报告。如果水样不足以证明其不符合灌溉作物用水的标准,农场将通过审核。水质不是正常的自动失效标准,这意味着即使样本不符合标准,在审核过程中农场也将只是少得一些分数。

　　事实上,在审核机构建立的多数情况下,被污染的水可能被用于灌溉作物。同等重要的一点,由于生物膜的存在,停留在作物(或其他)运输系统管道中的水受细菌污染物。就如在很多水运输系统,在水龙头关闭后,水或湿气存在于一个黑暗、潮湿、温暖的环境中,而这种环境非常有利于细菌的生长。即使在实验室检测系统 24 小时～36 小时之后,水源的检测水样可能会被发现细菌水平非常低。忽略检测结果,所有的水均含有一定水平的细菌。管道中的水持续在太阳下几天,允许细菌的生长并且变成生物膜的一部分。生物膜存在于牙齿、空调和农场灌溉系统,以及用于清洗卡车拖车的处理厂和水管中。没有现存的方法避免生物膜的形成。灌溉系统中生物膜不好的一点是几天之后,当进行灌溉时,污染的水将会通过喷头喷洒至任何被灌溉的地方。

　　干净的水进去,污染的水出来。在收获农田农产品的样品中,经常发现大肠菌群甚至大肠杆菌,而水源含有的污染物在可接受的规格等级范围内。目前还没有办法解决这个问题。

因此,认证不要求在距离水源多远处取样,也不要求检测认证产品的大肠杆菌群或大肠杆菌水平。当前检测方法花费时间过长以致不能保证被污染食品的运输,而且花费太大。需要投资以提供快速低成本食品供应链检测设备,该设备在任何供应链环节都可以使用,然而无论私人还是公共部门,均没有这方面的投资。

在食品安全审核方面,审计机构不愿使用更严格、更客观的标准,而且缺乏共同、已知污染源的解决方案,这与食品安全法背道而驰,也与宣称科学规范但却忽视这一问题的支持者相矛盾。

第1章讨论了正在用于技术监测影响食品质量安全的已知变量,评估建立投资回报措施的一个基本体系。食品在从收货仓经过货板、卡车、货船、飞机、交付货盘的整个供应链运输过程中,使用这些工具装载、运输食品到零售商店;每一个载体和容器可能会受到污染,在冷链端,也可能会受温度和湿度失控的影响。管理的责任,食品安全和利润之间的关联,取决于组织不是为了获取审核和认证机构给出的"高分",而是真正做到食品安全运输,避免食品安全问题的发生。

食品供应链的大多数成员将在今后几年试图理解并采用法律、买家和责任的食品安全要求。在有关认证标准和惯例中运输部分被忽略的情况下,符合标准的问题更是雪上加霜。总之,一些掺假和污染源,如生物膜,现在还没有已知的解决方案;转变中投资的回报也不清晰;目前食品安全检测策略不及时或不能实施;审核不充分包含关键食品安全监控运输过程保护食品的措施,而是体现为很多管理者考虑相对新的领域。尽管一些运输管理者和操作者个人和专业上准备充分,但是其他人会坚持采用那些过时的、不利于保护供应链的现行做法。

建立的运输管理体系包含 16 项标准,最高可获得 220 分。这些运输食品安全标准不包含可追溯性、产品发行、产品分析和购买。HACCP 标准(认证)都包含在 GFSI 管理检查内容中,但这里建立的 HACCP 标准是作为独立的审核机体,具有一些用于解决公司现行 HACCP 计划的成分。

在质量和食品安全控制的领域,有一些人认为最简单的一条成功之路是责任管理。该方法与信念体系是如果管理自上而下的驱动改变,一切都会按计划进行,必要的体系变化将会落实,目标一定会达到。自上而下的概念在大学课程和私立部门培训都有讲授,并通过多种方式传播。高层管理人员(即所有的管理者都在其下)都应该通过强化培训和再教育再次着陆成为团队一员并且努力落实。

如果高层管理者支持为了放权给下层员工需要做的决定,并且积极支持责任分配的决定,那么这个体系能够运行得很好。没有权利的责任不能够像拥有权利一样起作用,作用也不会长久。

受目标和利益驱动的管理者(高层)可能会经过一段艰难时期,因为除非这里有一些额外的动力,能够带来个人的满足和认同感,否则食品安全只带给他们与日俱增的责任。如果这里没有管理——支持程序,一个负责交货、时间和标准的食品配送中心运营经理发现让司机慢点、检查装载温度和卡车卫生或者将清洗拖车内部都是极其困难的。在没有其他改变的情况下,负责交货的运营经理和司机不能也将不会改变现行的程序。

第 2 章概述了更好的食品安全控制理由和可以给企业实现目标的技术。第 3 章讨论了食品质量和安全结合的概念以允许新目标和宗旨的确认和落实。

下面是对审核管理条例的详细描述。每一个标准与不同审核阶段所用的审核表相匹配。通过管理体系部分的最低分是 258 分,代表这个部分可获总分数的 70%。图 4.1 列出了每一个审核组分,附有一个文件要求、审核员要求和一个讨论。

M	
M101	集装箱卫生和可追溯政策的归档,详述公司在食品安全运输的承诺
M102	公司食品安全手册里是否有集装箱卫生和可追溯的内容
M103	是否有影响食品安全和可追溯员工详细的结构图
M104	必须有制定负责集装箱卫生和可追溯的员工
M105	必须有管理层人员年度检查的证据
M106	HACCP 计划必须检查:没有 HACCP 就是自动失败
M107	必须有维护 HACCP 记录的系统
M108	是否有便于发现步骤的编号和存档系统
M109	存档系统是否包含了管理、卫生可追溯和培训
M110	应该检查记录的文档以确定存档时期
M111	预防性计划应该包括随机分析、成本分析、行动计划、测量和执行结果
M112	应该记录预防性行动计划
M113	应该将随机分析作为预防性行动内容的首要目标
M114	应该保存纠错行动记录
M115	有预防的凭证
M116	集装箱配有便于快速召回的编号、卫生和可追溯的电子记录
M117	装货和持有记录应该保存两年。集装箱记录应该至少保存两个批次

图 4.1　系统管理标准

4.2　M101食品在途政策

已经有这样的一种食品运输政策,承诺在运输和食品运送过程中保障食品安全。如果有要求,该政策将融入承诺卫生、温度控制和容器的可追溯性。

审核员将核实容器卫生记录和可追溯性政策,该政策将由公司高层安排和签署。审核员会验证是否有承诺的明确声明,且政策和声明对所有员工公开。审核员也需要公司程序的本质以确定政策是否足以覆盖这样程序的范围。

对涉及食品尤其是要求冷藏运输的易腐食品转运的公司,通常要求食品安全认证的政策,最有可能需要进行修订以包括避免食品在途掺假的承诺。

这样的政策声明还有一些事情需要考虑。在默认的情况下,食品已经用避免食品环境污染的方式包装好,这样的食品被列为需要"时间/温度控制食品安全"(TCS),这基本上涵盖了需要时间和温度管理的所有食品。

4.3　M102手册

公司食品安全手册包含一个容器卫生和可追溯性部分,或者有一个独立的手册包括已经建立的政策、目的、目标和程序,以明晰食品在途运输的操作规范。

审核员将核实公司食品安全手册中是否有记录容器卫生和可追溯性内容。如果公司没有可核实食品容器卫生和可追溯性食品安全手册。如果没有手册,就不能有相应的得分。

使用螺旋书夹包括涉及运输做法的所有政策和程序文件通常是最容易的,并且,员工可以至少在一个地方拿到到这个手册。

这类手册一般在文档控制体系中,文档控制体系通常都分配到个人以确保所有文件及时更新。手册中任何文档的变化,或者在手册中程序手写副本的变化都通过修订编号控制,反过来其要求清除手册中过时的程序,插入修改的程序,并为手册建立一个新的修订编号。一般也有一个手册修改的记录,保存在其覆盖的地方(列出变化、日期、签名)以及保存于文档控制体系中变化的一个副本。

对于没有一个正式文档控制体系的公司,手册可以放在明确标注的文件抽屉或文件柜上面,员工可以很方便地学习其中的内容。

4.4　M103 组织结构图

公司必须有组织图。需要一幅详细的所有员工或岗位的组织结构图,这些员工或岗位的行为会影响容器卫生和可追溯性。

审核员将核实是否有记录容器卫生组织图。组织结构构成及各自承担的责任是否明晰,是否清晰界定食品容器记录——保持、可追溯性、温度控制和卫生体系实施等的明确责任。

由于组织结构图通常所需的是正常的商业行为和其他食品安全认证的要求,需要完成确定和分配运输食品安全责任和权力的做法。组织结构这样的变化一般需要通过管理会议,会议中可以评估食品运输做法和要求,做出哪些功能需要界定,哪些程序和做法作为他们新增加责任的一部分。

4.5　M104 责任分工

必须任命一个特定人负责在途食品安全。审核员将核实主要负责监督卫生和可追溯实施和维护人的名字和岗位。审核员将确认员工清楚知道谁负责该体系。

通常情况下,分配负责食品安全实施的个人不会参加组织结构图评估会。质量经理在场的话,将由质量经理负责。换句话说,这个新责任通常将分配给缺席会议的人。

这种做法通常为审核员提供了管理高层和公司总体上缺少承诺的清晰的证据。

一个食品运输中食品安全体系的履行和维护无疑需要跨职能部门的参与及责任的界定。

运输或维护站的经理面临新的食品安全挑战,这需要新的解决方法,保持敏捷的适应能力,表现出一个具有超常意愿变化的领导。食品安全正在发展,这意味着能够受新要求驱动而变化的公司将会成为市场的赢家。

4.6　M105 年度审查(监控)

公司必须有由管理层进行年度体系审查的证据。审核员将会验证签署并注明曾经审查的日期记录,这至少表明在容器卫生和可追溯体系进行过年度审查。

各业务部门的管理评审往往相对比较频繁。通常情况下,每年评审管理是为了确保该系统恰当地执行、落实管理承诺、并提供承诺管理的记录。然而,为了解决投资回报以及大多数认证要求涉及他们不能将审核体系要求与业务相关目标结合的问题,今天更灵活的经理有其他的选择。其中,下面评估了一些选择,试图为管理者提供目标和指导,当公司容忍食品安全认证所需体系和经常烦琐的变化,就具备为公司节省开支的潜力。这些目标可以设定为成本—相关变量的比例或措施,这些变量对许多经理来说可能是新的。以下将讨论将产生投资回报率的成本信息并可用于抵消投资的建议变量。

管理层可能考虑用第 3 章中(内审小组因果分析和管理报告)呈现的因果分析策略作为努力消除和防止在每一个关键点可能发生的问题。

4.6.1　食品安全成本

通常情况下,管理者的主要职责之一就是控制成本。在运输部门更是如此。

例如,如果启动产品召回,召回的问题或原因是不可避免的。召回通常被误称为预防,因为通常的想法是控制已经分发食物有助于防止进一步的疾病和死亡。然而,这是预防概念的一种误解,并且需要调整与这种误解相关的做法和想法。召回是外部失败最大和最严重类型的象征和代表,这种损失往往是巨大以致对一个行业的总成本是难以估量的;当客户停止购买该产品时,运输和重新运输的成本(为控制销毁目的)仅仅是总损失的很小却很昂贵的一部分。

成本可能是预防的最大动力及获得投资回报、赢得客户的最快途径。一般来说,质量和食品安全的成本可被划分成若干"质量成本"。质量成本背后的理念是预防问题发生要比发生事故后再收拾残局更划算。因此,成本的预防是很重要的。

4.6.2　食品安全和食品质量成本类别

(1)预防成本。预防成本包括避免产品缺陷的所有活动,包括培训、教育、规划、供应商资格证书/审查、过程能力学习、食品安全改善工程、食品安全改善小组会议、劳动力、企业的日常管理费用、收益和花费。考虑到现在食品的安全趋势,尤其是在运输领域,预防成为企业的头等大事。

(2)评估成本。为确保符合标准,就要发生一些关于评估、审查、审核以及测试的成本,包括用于审查(分类、整理、筛选)、审核、用于评估的材料和供应、质量记录/审查和标准/图纸、材料、劳动力/日常花费/花费/收益等方面的支出。

（3）失败成本。失败成本包括要求用于评估（包含纠正措施活动）和纠正或替换不符合要求或者顾客需要的产品的所有花费。

（4）内部审核成本。内部审核成本包括发生在产品完成或运输之前的所有支出以及关于在过程中出错且必须在组织范围内被纠正的费用。这些成本包括重做、残余和筛选或其他经济损失。这部分成本经常不会被报告或者作为业务成本，而不计入经济损失。

（5）外部失败成本。外部失败成本包括运输、退回、重做、重测或者重新运送的产品，这些产品达不到顾客需求而必须被退回或者处理。外部失败成本也包括"失去顾客"和"失去业务"的成本以及对公司毁灭性的影响。

4.6.3　管理目标设定

以下大部分的目标主题，本质上是预防性的并且有可能和食品安全计算的潜在成本有关。

4.6.4　退货（逆向物流）和顾客拒收货品减少

一旦发生产品被运送和拒绝或者被顾客退货，就发生逆向物流成本。这些将在每月出货报告中体现。退回成本包括初次运输和退回运输、召回、破损、分类和失去顾客业务的成本，FDA 审核和评估、审查和重审、顾客拒绝和磨损（顾客毁坏或当退回不符合实际或者花费过高，如横越太平洋空运时处理拒收货物）。这些成本旨在测算设备投资回报，如可能需要货板清洗系统来解决退货问题。图 2.2～图 2.5 展示了如何使用电子制表单来获得和计算这些成本。我们应该建立因果关系分析和预防及纠正措施以应对这些最严重和高费用管理措施。

大多数食品安全认证体制要求公司进行模拟召回。模拟召回的过程记录可以估计发生召回时发生的成本。这些估算可以被用于验证设备投资回报的合理性，例如在第 2 章中显示的货板或容器卫生体系。

4.6.5　时间和分类产生的绘图成本

图 4.2 是一个简单的流程图，可以用来设计绩效成本报告。任何在这个报告系统中注册的授权用户，可以使用如图 4.2～图 4.7 所示的分析。这些流程图是用于明确哪个工厂、时间段和产品（过程步骤或行为）数据被要求输入公司系统，

以及生成哪类可视化趋势图来表示年度、季度或月度的改善情况。

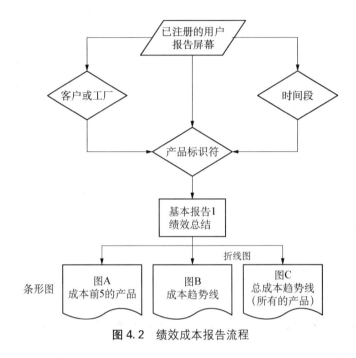

图 4.2　绩效成本报告流程

　　图 4.3 是一个公司不同成本的示意图，可以用以预防措施分析和纠正措施的优先排序。图表中的 X 轴表示时间轴沿着每个季度总货运量(生产装载方面)，

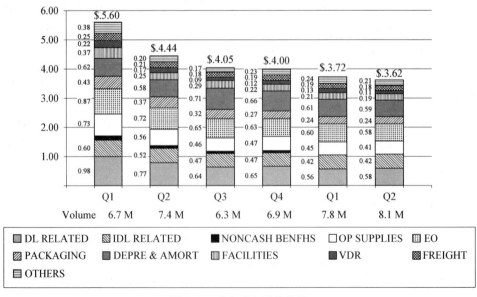

图 4.3　成本减少具体类别

每个柱形图用颜色编码来显示涉及每类数据的花费(直接劳动力、间接劳动力、无现金收益、操作供应、包装、贬值和分期偿还、设备等)。每个柱形图的顶部是每一情况的花费总额(Q1 为 5.60 美元)。每一类别都可以设定优先纠正和预防措施目标。例如,图 4.3 底部最大的支出是 DL(直接劳动力)。图表中的 Q1,每箱的运送 DL 成本是 98 美分,DL 上部是 IDL,每次 60 美分。

公司可以为每个部门或智能设定每一笔成本目标。总体来看,总的趋势是从 Q1 的第一年每箱 5.6 美元下降至 Q2 的第二年每箱 3.62 美元,也就是该期间食品安全/质量成本下降了 64%。

4.6.6　货板清洗拒绝率分析

图 4.4 是第二个成本分析的范例。这是一个每月顾客拒绝收货而退回货板的数量,18 个月期间从 184 个货板下降至 71.7 个。

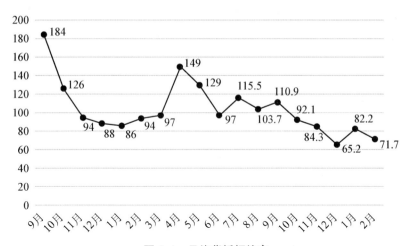

图 4.4　月均货板拒绝率

图 4.5 展示的是平均每月冷藏食品的拒收率,以每百万中的部分计量(ppm)。在开始分析的五月和六月,拒绝率(ppm)在 4 150 和 5 620 之间。由图可见,两年期间的目标设定、纠正和预防措施、规划和工作使得退回率降至一个极低的水平。

运用此图表(忽略评估的变量、绘图和分析)时,一个重要的因素是部门经理可以持续应用这些趋势线改进每一个职能部门的工作和运输绩效。

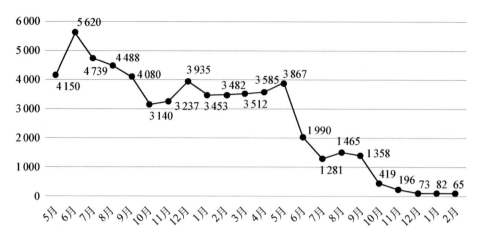

图 4.5　平均每月食品箱的拒收率

　　图 4.6 是一个用于识别从同一个供应商那里购买的五个产品的可视化成本分析策略。数据显示的是三个报告期间每一种产品的成本和数量。对购货公司来说，这个表可用于报告供应商合规情况和因为交货过程失误发生的费用。

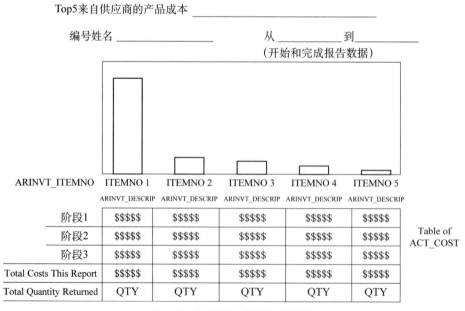

图 4.6　供应商交货绩效分析图

图4.7是描述几个报告期公司对单一顾客运送货品的成本趋势。然而一个公司将经常分析并致力提高他们的内部经营(见图4.1～图4.3),并且确实给他们的供应商施压以改善他们的送货。

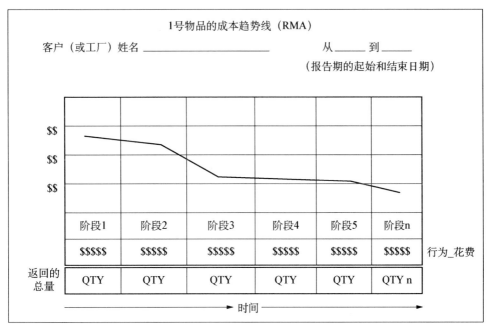

图4.7　客户绩效报告示例

4.6.7　损失

损失是用于描述产品减少的术语。产品可能被盗走、错报,或者被公司员工消耗掉。步行穿过配送中心,可以看到冷藏箱里打开装有食品的箱子,箱子里面的食物已经被员工拿走在微波炉里加热作为午餐是很常见的。

更极端的例子包括偷盗容器或卡车。在2011年,加利福尼亚高速公路巡逻队报告有15 679辆车被盗,其中4.5%(7 056)是货运卡车和汽车,5.3%是农场和其他重型装备车辆。

4.6.8　确保在途温度控制

在途易腐食品的温度控制是需要独立监测技术支持的,如在第2章讨论的那些技术。温度控制和冰柜记录的温度记录是不同的,因此,必须确保在途食品温度监控和配送中心装载过程的温度监控,否则,意味着商品保存周期变短,或者腐烂、变质。

4.6.9 确保容器按时清洗率

一旦一个程序被建立并证实能避免食品变质,就需要采取监测措施确保这个程序能够按照计划实施和维护。错过清洗或卫生计划等于给审核失败打开了大门,或者更糟的情况,FDA 或者当地的运输审核并且扣留货品。关于这样的审核失败或者 FDA 进行收费的损失可以计算出来。针对容器清洗体系的投资回报率,可以设定新的目标或者建立新的测量措施。

4.6.10 ATP 通过/失败率维持——过程控制机制

如第 6 章所要求的容器和运输设备的残留检测可以为认证提供关键的数据。如果一个公司相信用于每月清洗运送货板的过程提供充分的保护,当应用 ATP 检测时,失败率应该是 0;另一方面,ATP 检测可用于确定消毒的频率。

4.7 周围环境、装运次数和程序

在一些配送中心,货板就在位于大型中心区域装载线的周围,周围有冷柜和冰柜。这些中心区域可能不受温度控制,但受外界温度影响。在夏天,温度可能会骤升至近 37.78℃或更高,然而在冬季却异常寒冷。对很多配送中心来讲,由于区域大、屋顶高,要想保持中心区域在温度控制范围之内是极其昂贵的。

4.7.1 装载货盘和封闭货仓的清洁

在收获操作中使用的货仓也应该进行消毒和测试。用于核实清洗和卫生过程控制测试的数据应该与相应的货仓和货盘的 ID 号对应,并且记录下来。一旦存于数据库,这些数据可以用于计算通过或者失败率,这些数据也可以在终端消费者那里获得以计算货盘、货板或批次退回率,以及关于退回或销毁产品的费用。

4.7.2　遵守停机坪时间目标

在空运之前,空运货物不是经常在温度控制区域内处理和储藏的。食品货盘移动至机场停机坪,等待装载至飞机的食品停留在极热或极冷的跑道上的时间明显是温度变化的时间,如果监测和报告这样的温度变化,那么温度就可以得到很好的控制。

4.7.3　货板码头停留时间

因为货板上的食品会受外界温度变热(或变冷),并且这里有足够的数据表明停留在码头的食品温度变化明显而且会超过温度极限,所以必须努力减少装卸期间货板停留时间。如果一个公司感到需要去核实货板停留时间和地点,去客观地测量可能影响食品安全的条件,那么可以用货板标签等不引人注目的方式收集这些数据。这些数据可以被下载至手持的阅读器、储存于数据库、用软件分许趋势和便于员工审查。

4.7.4　货运横渡海洋期间温度变化

当轮船运输食品从东至西或从北至南,水温和气候温度都会变化。装载新鲜鳄梨的容器从加利福尼亚的圣地亚哥区的一个配送中心运送到洛杉矶的港口,在洛杉矶港口装载上船运往夏威夷,期间将经过明显的气候变化。第 2 章的数据显示了当载有食品的容器从加利福尼亚至夏威夷受影响的程度。单独报告明确温度上下限的集装箱的温度,能够提高货品在合适温度范围的保存周期。

4.7.5　空运

飞机在海平面起飞和在 $2\,500\sim3\,800$ ft 的高度飞行,温度会发生剧烈变化。蓝莓从欧洲运至纽约可能在马德里时湿度增加,但在大西洋中部冻结。这样的运输条件产生的结果是顾客在超市看到发霉或皱缩的蓝莓,就难于让消费者满意。因此,允许供应链的伙伴有机会改善如此昂贵的运输。

4.7.6　货架期交货控制

这个变量可以用以设定改善目标,以测量货板或箱子层级的温度。向近距离的零售商运送保存期限短(较高的生产—包装温度)的产品,向需要更长运输时间的零售商提供货架期长（较冷的生产—包装温度）的货品。

4.7.7　卡车

不管是卡车或者联运模式运送的食品，都会经常发生温度超出规定食品运输要求的情况。有些时候，温度失控是客观因素造成的，但很多时候却是有意为之。食品运送过程中由于温度太高导致细菌超标的事件经常见诸报端。据报道，印度尼西亚就有很多这样的案例。有的情况是制冷机不能正常工作，而有些时候纯粹是司机为了节省燃料而人为地关闭制冷机。印度尼西亚的警察积极地检查运输食品的卡车，但也只能是随机抽查，无法涵盖所有运输食品的车辆。因此，应用信息技术手段进行独立的温度监控和跟踪，就可以提供充分的数据进行食品安全控制。

同时，食品安全运输认证不仅每年要对目标和目的的达成情况进行检查，还应该对运输体系和车辆设施进行彻底的审查。

4.8　M106 容器卫生和可追溯计划

这里是一个公司已经使用的 HACCP 容器卫生和可追溯性。如果没有发展容器卫生和可追溯计划，这无疑是要失败的。审核员将核实公司 HACCP 计划的制订，或者整个 HACCP 计划的一部分的容器卫生和可追溯性。

HACCP 计划及实施标准将在第 5 章进行全面的介绍。

4.9　M107 HACCP 记录

必须有一个维持 HACCP 记录的系统。审核员将核实公司有无用于维持 HACCP 计划的 HACCP 归档系统，以及归档系统的位置和可用性。

管理团队有责任确保 HACCP 计划和实施的容器和运输记录得到恰当的维护和归档。这些记录可能是一种电子表格形式，但要求其他维护和归档记录的原始签名和日期。要求有包含签名和日期的原始纸质形式的记录以让审核员和合规人员确信这些记录是在要求的时间间隔内完成的而不是后来更改的。

4.10　M108 组织和维护过程的系统

审核员将核实关于容器卫生、可追溯性以及温度控制的过程以及合适的文件控制系统的存在和具体的位置是否和在计划和政策中明确的一样。审核员将确定程序的覆盖范围是否与涵盖整个运输食品安全体系所有要求的计划和良好规范一致。具体过程可能包括培训、实施和审核过程要求的流程图和表格信息。表格中的程序应该包括以下讨论的内容。

如果大多数员工不会说英语，程序应该被翻译成恰当的语言。程序旨在记录员工遵守正常要求的一系列活动。审核员经常利用书面的程序确定员工是否得到合适的培训和是否真正地履行一系列明确的活动。在正常的工作中，员工采用自己的捷径和改变规定的程序并不少见。

图 4.8 展示了一个合适过程的例子。标题显示在过程第一页的顶部。标题包括公司的名称和部门或科、一个合适的标题、程序编号、程序的数量、有效期、修订编号和一个需要部门领导签字的同意栏。

公司名称 部门	过程编号:质量 2.801 版本 1	页数 3
过程	时间 8/29/13	版次/日期 1
标题:审查	核准:	

图 4.8　第一页过程标题

图 4.9 是过程首页标题的一个例子。

审查
过程编号:质量 2.801　版本 1

图 4.9　过程页标题

一个完整的过程一般包括以下的几个部分:

(1) 目的。

（2）范围。

（3）责任。

（4）要求。

（5）程序。

程序的目的(见图 4.10)应该清晰地表述并且通常需要在标题中体现。范围应该包括程序执行的时间和地点。负责程序实施的员工的位置和头衔,他们持有的特定工具、时间或其他要求也应该说明。

1. 目的

建立一种公司使用的雇用×××检测方法的标准

2. 范围

这种方法适用于所有的×××。

责任

3.1 本方法的实现是×××的责任。

3.2 ×××的经理有责任保证所有的检测人员都经过培训并且按照本方法检测×××。

4. 要求

4.1 根据本方法规定的步骤,要求检测×××。

4.2 没有通过如图1所示的所有属性和公差测量标准,测量和标准分支部门不会允许登记过的出租车仪表通过（审核）。

4.3 检测人员需要完成并签署"×××报告",报告名称。

5. 方法

5.1 下面的图1（质量检测方法）表述出公司检测人员要遵循的具体步骤。所以×××都将进行图1所示的属性（图1 项目A）和公差标准（图1 项目B）的检测

1. 检测人员在检测阶段将会完成下面的1表（检测报告）

2. 在进行任何属性或公差检测时发生的任何失败,在将其更正后都将视为不对的检测见过,都需要进行在检测。

3. 在没有核实当前进程确认存在前,检测人员不会开始检测。

4. 为了给执行者提供分析过程,无论是否会被拒绝,检测人员将会尽可能多的完成检测步骤。

图 4.10 过程部分的示例

很多程序建立使用流程图而非用难于理解的文字叙述。图 4.11 显示了用不同的符号来表示开发过程的流程。用一个平行四边形展示了过程的输入要求,用一个简单的长方形来表示正常的过程步骤,用钻石形状来代表通过/失败、继续/停止、测试/未测试等。

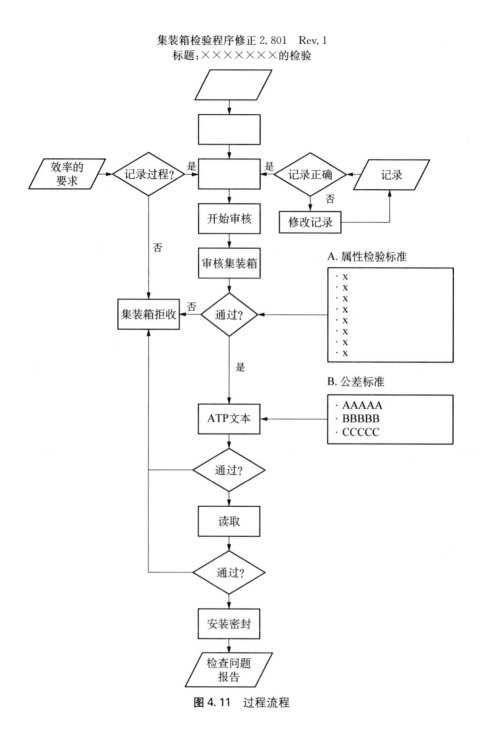

图 4. 11　过程流程

4.11　M109 管理、卫生、可追溯性和培训程序

归档体系包括管理、卫生、可追溯性和培训。内部和外部审核员将核实程序的归档系统包括管理、卫生、可追溯性和培训文件，以及由像其他计划和政策明确的准确注明日期和归档核实的程序和文档。

这要求公司为关于管理要求开发一个合适的归档系统和确保拥有归档系统和合适文档控制策略来保证集中或分散的文件及时更新。对公司来说，将更新后的程序分发给员工但是没有取回或毁坏了过期文档都是常见之事。这导致出现不同的程序和员工的文档，这将导致审核中会出现问题，因为审核员可能会为员工正在使用的程序的副本询问每一个员工，并且审核员可能会检查程序的修订情况。员工按照过期或未修订的程序运作可能导致公司在外部审核中丢失一些分数。

4.12　M110 容器卫生和可追溯记录维持

应该检查包含记录、表格、检查单和签字单的文件以确定是否遵从记录维持期间的要求。例如，如果建立了容器卫生和清洁和检查程序，那么这里通常会有清洁、卫生、测试和检查的预判定时期。

自从食品运输要求使用某些类型的容器，外部审核员将核实内部审核或管理人员已经审查的容器维持记录来确定记录是否能够如实反映像组织实施的容器维护和是否遵从合适的时间表。

在美国，关于某些记录是否是原始形式以确定有原始签名，或者许多类型的记录，若是电子版的已经发布一些规则。纸质记录的旧系统可以接受但是在查看历史记录时不够高效。自从公司服务器和数据库的大量使用，电子记录保持系统已经开始进入市场。

4.13　M111 预防措施记录

预防计划应该包括因果分析、平谷、成本分析、核实、召回测试和实施结果。作为行动计划的一个基础的因果分析是预防计划和管理控制的关键组分。审核员将核实公司已经建立的策略和后续解决问题的策略，鼓励将因果和成本分析作为整个运输管理系统的一部分。审核员没有权利审查公司的财务记录。

正在制定的美国食品安全规则和法律(FSMA)也被其他国家部分采用,如加拿大、澳大利亚、新西兰、中国、欧盟和菲律宾,例如,基于预防的规则和法律。在前几章中已经详细阐述了预防措施概念、行为,推荐的措施、监测方法。

4.14 M112 预防措施记录

预防行动计划应该归档。预防措施要求记录保持和为管理审查的报告成为内部审核策略的一部分。审核员将审查关于预防措施的记录,并且决定适合的分配能力。要求管理者在计划安排基础上审查关于围绕像第 2 章讨论的预防措施活动的记录和数据。

4.15 M113 因果分析程序

预防措施要素应该将因果分析作为最初的目标。审核员将核实目的或目标策略和包括表明管理者确定方向的其他表述,以确保指导经营的预防性计划和措施的文化建设来建立,并最终永远消除这些原因。因果分析作为一个独立的审核元素应用以确保员工培训和实施活动(小组或其他方面)在一个预防性方向恰当地进行。M113 要求公司建立一个专门的程序,用来限定和记录培训和可审核实施因果分析要求的记录。

4.16 M114 纠正措施记录

纠正措施记录应该被保持。纠正措施一般在问题解决环节被触发。纠正措施不要求用于团队工作策略的因果分析或预防措施。审核员将核实记录保持系统包括临时的纠正措施策略。

纠正措施通常是用来再次控制逃脱审查、测试和监测控制在途食品。这些活动可能包括召回、销毁变质食品、重新包装、再次运输或重新工作(包括分类或筛选)。例如,如果一个容器遇到某种意外而且容器里的货物流出,那么至少一些食品很可能已经变质。这样的意外要求容器内的货物分类(报废对再次工作或不受影响)于合适的货箱,这些货箱稍后被退回、销毁或在以后的运输中使用。

在这些情况下的纠正措施最初是被称作材料审核委员会(MRB)的主题,MRB 由来自不同部门的人员组成。这些部门的活动要求员工从事于 MRB 团队以核实处理涉及召回、意外和诸如此类的产品。运输 MRBs 可能成立以处理类似的问题。最初，MRB 成员仅当面处理分配给公司不同部门的任务。

4.17　M115 快速记录和数据撤销

容器记录将融合快速召回的容器 ID、卫生和可追溯性。快速记录和数据召回标准的最初目的是为用于装载食品的容器建立一个记录保持原始记录。容器记录必须将唯一的容器 ID 和卫生、温度、可追溯数据连在一起以建立与系统数据要求合适的和准确的联系。要求审核员核实是否能够快速识别严格数据和信息的电子系统，快速 MRB 的行动和召回需要严格的数据和信息。M110 部分（容器卫生和可追随性记录保持）大致涵盖了电子数据系统建议以为电子记录和召回活动提供指导，设计电子记录和召回活动以最大限度地减少内部专家执行纠正措施（MRB）活动花费的时间，或为外部召回专家进行追踪和追溯可能已经影响食品运输的变质来源。

快速记录和数据召回应该看作食品运输部门的一个基本要求，并已经成为对食品行业提供货运状态实时可视化的巨大压力。

4.18　M116 集装箱运输和记录保持

食品运输及其记录应该保留 2 年。其他的强调数据合适记录保留时间为 2 年。这个要求在维护点的 2 年内都非常重要，运输者或容器被建立作为在途控制和监控系统的部分。尽管 2 年的记录保留时间可能会认为太长，但对货架期较长的冷藏或加工食品还是比较合理的。

记录保持

在以纸质为基础的记录保持系统已经证明会造成很大程度的召回调查的延迟，而随着新的自动系统的增加，如果希望为现代电子记录系统做准备，那么公司应该停止基于纸质记录保持系统的发展和时间。纸质系统可能阻碍努力整合需要用于发展和维持食品安全系统信息的调查。因为食品运输部门承受严格的检查，接受和实施节俭的电子记录保持系统的机遇不可错过。下面列出了一些新机遇的优势：

（1）在线。
（2）全自动无纸化数据收集。
（3）降低数据输入时间和错误率。
（4）在现场用 PDA，手机或笔记本输入数据。

（5）及时报告。

（6）支持内部和外部审核。

（7）为审核机构提供所有的记录保持。

（8）自动停止审核。

（9）一旦完成纠正措施，及时更新。

通过开发一个简单的包括检查、管理、报告、维护和记录保持的目录，外部或内部审核团队能够构建进入和追踪得分、纠正和预防，以及计划实施状态的数据库。更重要的是内部审核、记录、程序和其他要求的文件使用同一个电子、易于恢复的数据库维持。

图 4.12 是一个简单的集装箱检查数据输入分值的图例。内部或外部审核员仅需要点击检查标志来开始输入数据。输入和所有数据输入以及报告可以用手机、平板设备和用手机技术的其他现场数据收集设备进行。这个方法使得所有的数据输入和报告在有手机信号的世界上任何地方都能够实时进行。

图 4.13 是一个经典的检查数据输入的例子，其允许一个小组成员或外部审核员开始进入对于识别被审核的运输地点

图 4.12　集装箱数据输入界面

的关键信息。因为审核包括一个公司或其他公司的地址，所以所有的外部审核通常都要求这样的数据并且作为整体记录—保持要求的部分进行维持。

审查项目

公司名称和地址	
姓名*	地址 1*
地址 2	城市*
州*	邮政编码*
国家*	

图 4.13　录入公司、项目和审核点记录界面

一旦审核员已经登录进入系统,且进入公司、审核员、时间、日期和正在特定审核关键的其他信息,他们可能开始或退回至停止早先已经完成部分的审核(见图 4.14)。

选择审计内容

选择其中之一
● 公司信息
● 容器管理系统: /225.Pass: 157
● 容器消毒: /245.Pass: 171
● 容器可追溯: /190.Pass: 133
● 员工培训: /35.Pass: 24
● HACCP 计划: /180.Pass: 126
● HACCP 执行: /225.Pass: 157
● 审计完成

图 4.14 审核内容选择界面

图 4.15 显示了 HACCP 审核第 102 项条款的一个界面,设定的程序以支持 HACCP 计划。这个界面允许审核员检查三个链接中的一个。绿色的对号表明完成所有的要求,红色 X 表明不合格,黄色的三角提供一个描述不合格的数据输入界面。

建立HACCP102程序来支持HACCP计划

图 4.15 HACCP102 项标准的数据录入界面

通过检查黄色的三角,审核员已经激活一个数据录入界面,该界面允许他或她解释 HACCP102 审核项不合格的原因(见图 4.16)。

图 4.16　违规数据信息录入界面

图 4.17 是 HACCP 计划第 103 项的第二个图例，其要求一个内部审核小组参与和管理 HACCP 体系的内部要求。

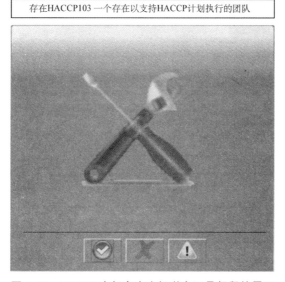

图 4.17　HACCP 内部审查小组遵守记录保留的界面

停止的检查是已经部分完成且正在等待进一步评估的检查。图 4.18 给审核员提供了一个召回和完成一个暂停审核的机会。上一次审核日期是 11 月 2 日，作为运输认证审核的一部分（transCert）进行的。

实时报告使得外部和内部审核员能够提供小组成员和管理层认证状态和体系遵守规定的情况。图 4.19 是一个报告召回的审查报告。通过刷选绿色检查

停止检查

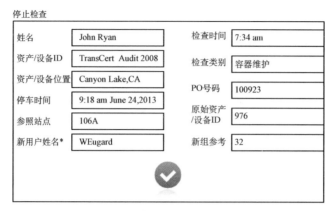

姓名	John Ryan	检查时间	7:34 am	
资产/设备ID	TransCert Audit 2008	检查类别	容器维护	
资产/设备位置	Canyon Lake,CA	PO号码	100923	
停车时间	9:18 am June 24,2013	原始资产/设备ID	976	
参照站点	106A			
新用户姓名*	WEugard	新组参考	32	

图 4.18   重新启动曾经停止的审查

项,审核员可以激活一个报告,该报告可以几秒内发送至手持设备。审核员也有增加附件、图片和新的笔记或复制如合格机构或公司管理者的关键信息的机会。

检查报告

| 开始日期 | Nov | 1 | 2012 | | 结束日期 | Nov | | 2 | 2012 |

1 返回结果.

检查时间	用户姓名	资产/设备ID	检查类别	通过/是?	添加附件	添加笔记	添加C检查的C
02-Nov-2012 14:55	John Ryan	TRANSCERT AUDIT	TRANSCERT AUDIT	Yes	Add attachment	Add note	Add C of C

图 4.19   生成的审查报告

HACCP 第 103 项支持 HACCP 实施的小组。

图 4.20 是完成运输食品安全生产整体要求部分内容的审核报告的例子。通过移动设备全球定位系统可以采集和自动计入审查的地理位置。这样的特点保证了在正确位置和正确时间和日期进行审核的记录—保持。

图 4.21 展示了重新启动停止的审查。

在线审核系统为所有的相关人员提供快速和容易进入和追溯审核相关数据的机会。正如上面概述的地理位置特点和暂停审核召回特点,在线审核系统确保了审核的便利,并降低了费用,这两点是纸质记录系统无法实现的。

致：	SG SALES ASSOCIATES	检查时间：02-Nov-2012 14:55	
位置：	WEngard	受检人：John Ryan	
资产ID：	TRANSCERT AUDIT	检查类别：TRANSCERT AUDIT	

指令	结果	点	附加信息
运输认证基础控制系统	确认	0	
公司名称和地址	确认	0	姓名：Ralphs,地址：39909 Luciana St.Address(conted):,城市:Corona,州:CA,邮编:93434,国家:United States
检测探测器位置	确认	0	http://maps.google.com/maps?q=34.0522000 0+118.2440000
检查探测器定位已经关闭	是	0	
探测器不可获得，可能是你的设备被安装	是	0	
检测探测器位置	确认	0	http://maps.google.com/maps?q=34.0522000 0+118.2440000
检测探测器定位已经关闭	是	0	
探测器不可获得，可能是你的设备被安装	跳过	0	
组织必须有 HACCP 计划，如果没有自动失败	是	0	
选择你的审查部分	确认	0	HACCP 计划：/180,路径：126
HACCP 计划	确认	0	
HACCP101 一个集装箱 HACCP 计划即建立集装箱污染和掺假防护	是	20	
HACCP102 建立支持 HACCP 计划的程序	否	0	未标序的程序和
HACCP103 建立一个支持 HACCP 计划实行的小组	否	0	
HACCP103 建立一个支持 HACCP 计划实行的小组	警告	2	
HACCP103 建立一个支持 HACCP 计划实行的小组	是	5	
HACCP104 HACCP 培训要求是否达到？	否	0	

图 4.20 即时审查报告

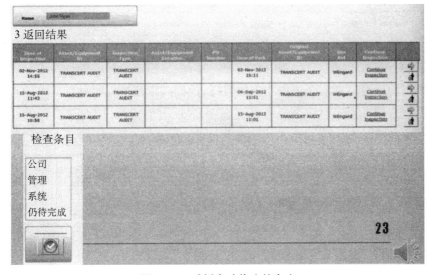

图 4.21 重新启动停止的审查

第5章 运输过程中的 HACCP 计划和实施

——概念和标准

HACCP 规划和实施在食品安全中得以广泛应用,在过去十年甚至更长时间内,HACCP 计划曾经被用于在果汁和鱼的处理过程。其他企业的质量安全管理人员所使用的用于建立、监测和改善产品处理过程中品质安全的概念和基于HACCP 的理论概念并无太大差异。目前,HACCP 计划和实施主要在食品的运输和其他供应链环节中得以展开。

所有企业中识别和纠正操作失误的做法是一致的,只是这些做法可能没有命名或者没有通过现今流行的如 HACCP 和综合品质管理(TQM)等的专业术语。大部分的 HACCP 计划、实施原则和操作要点并不侧重于追究相应工序的操作人员的责任,而单独进行内部或者外部的复核检验。而 TQM 恰好与之相反,它更侧重于追究相应工序的操作人员的责任,而不是将责任归咎于"监察职责"等外部因素。成立企业内部的审核机制是赋予具体管理部门相应的职责和管理权限的有效途径,这些机制中都含有一些非来自质量安全组织的检验人员,这些人员对于实施过程中的工作职责很不熟悉。

久而久之,这些问题可能会致使一些内部审核机制的成员在进行审核期间放大自己的行使权力。一旦出现这种情况,负责收集相应数据或进行与审计需求相关的职责的成员可能不会担负相应的责任,他们在审核过程中只是简单地按照做相应的规章制度而不是积极地寻求提高食品安全的方法。因此最要紧的是要确保内部审核成员在实施 HACCP 或者其他监督活动的时候是经过合理的培训和受到相应的监督。

5.1 运输过程中的污染物迁移

想象一条河流,其上游附近多为农场,农场污染物排放到河流中,在河水流动过程中,其他污染物也排入河流中直至河流汇入湖泊或海洋中,污染物在湖泊或海洋中聚集。

食品的运输供应链可以看作是一条河流,箱子、托盘、货车、火车及轮船为运输载体,运输、卸货和存储,在其过程中不断有新的污染物加入直至运输到消费市场。而在运输过程中极少对食物装载工具消毒,偶尔进行温度控制并且从不实施追溯。

有关食品微生物迁移的研究已经得以广泛展开并形成相关的报告。从网页上很容易检索到上百篇与之相关的文献。这些研究多集中于水、土壤、包装、包装过程中采用的油墨、重金属、生物源性污染物、木材防腐化学剂(防腐处理的木托盘)、有机化合物、空气、碳氢化合物或者其他物质。然而,常规的食品运输流程如农场到包装车间、包装车间到分销中心、分拣处理及分拣中心到消费者的流程中,这些对控制微生物迁移至关重要的运输过程常常被忽略,因此才出现了利用HACCP计划和实施来控制微生物迁移的需求。

为了保持运输过程中微生物迁移含量在潜在危害所定义的范围内,农场、包装车间、加工处理车间、配送中心、零售商都需要进行食品安全认证,或采取相应的措施抑制微生物的迁移。

无疑,微生物及掺杂物可以通过空气、水进行传播,因此运输过程为微生物的迁移提供了有利条件。无论食品通过货车、飞机、火车实现长距离运输,还是在农场或配送中心的短时间处理过程中,由于缺乏食品环境安全相关规定、温度控制及追溯需求,微生物的迁移基本上未被检测和未在考虑范围之内,这恰恰是食品安全控制中最大的疏忽。

因此,建立运输过程中的 HACCP 计划和实施,是解决上述问题的有效方法之一。

5.2　HACCP 缺失的运输维护环节

考虑到许多运输工具都能将食品从一个地方运往另一个地方,考虑到短距离运输过程与需要几千里的长距离运输的不同,需要确定运输过程中的某些流程是否需要涵盖在 HACCP 计划中。

设备卫生及包装容器的可追溯性的运营商维护站基本上不需要建立和维持HACCP 计划。维修站应该建立相应的程序控制容器卫生状况至清洁水平并满足食品企业或食品运输公司的清洁要求。假设公司建立的货车清洗站或者清洗程序需要满足物流公司所规定的清洗温度、水等的要求。清洗站要作为食品容器清洗站需要通过运输管理部门及 HACCP 体系所规定的一系列容器清洗处理流程的审核。清洗站需要定期清洗和检验冰箱内部以满足承运人或托运人的要求。清洗站还需要拥有特殊的处理工艺，以满足承运人或托运人的需求。通过训练和达标，清洗站有可能成为运输追溯设备的认证安装商。

另一方面，承运人或托运人是容器中食品的安全、卫生、温度及可追溯性的主要负责人。根据在管理、培训、HACCP、环境卫生及可追溯标准下建立的细节内容，承运人或托运人要负责食品运输的正常运行。

食品的可追溯性和温度监控系统有各自不同的功能。物流配送中心或农场的小型容器需要进行清洗、设置唯一标识、有一定程度的可追溯性并建立清洗和使用的记录。容器的清洗和追溯记录可以通过费用相对较低的小型移动设备实现。

在另一个层面上，一个冷冻集装箱可能经过从货车到轮船、轮船到货车、货车到火车、火车到货车这些过程。这种大型容器除了在运输过程中需要保持环境卫生之外还可能需要温度数据的可追溯。容器所有者、托运人（农场、零售商、经销商、加工处理商或者包装商）甚至物流公司这些食品运输过程中安全卫生的负责单位，可能会与独立的清洗或者可追溯的清洗站合作，或者在其产销一体化模式下保持食品的安全卫生。然而公司的清洗及可追溯设备的安装可能需要外包给其他公司，这些公司并不会为容器内部的食品安全负责。因此，容器所有者、托运人及物流公司必须建立 HACCP 计划，并且将 HACCP 计划的实施与食品管理、可追溯提醒、环境卫生及与员工培训结合起来，并且符合企业整体管理规定。这就意味着容器所有者、托运人及物流公司必须向清洗站提供常规食品安全运输过程中所必需的清洗细节规范。

5.3 新型危害预防分析：短途运输

一些食品配送中心以纸箱、托盘、手提袋为载体实现预加工食品配送至餐馆食堂或其他快餐店的流通过程，而这些纸箱、托盘、手提袋及购物车作为食品运输装置，在 HACCP 计划要求下，应建立相应的提高食品安全的措施。

例如，当预加工食品或食品商品在配送中心时，常通过托盘搬运车或者叉车将其从货车上卸载下来，而每个托盘只包含一种食品，这些托盘经配送中心地面至冷却室或冰箱，它们被存放在那里直至相应的零售商或者其他的销售商来预定购买为止。冷藏室操作人员依据订单中的产品类型及数量将相应的产品数量由托盘转移至新的托盘中,并根据订单中客户的地址将产品运送至零售商或餐馆。一旦食品由原来的托盘转移到配送箱或新的托盘中,食品就开始了移动过程。依据以上一系列的定义,为了防止食品中出现掺杂物,任何容器、纸箱、托盘等食品移动设备必须满足相应的环境卫生及可追溯的标准规定。

另一种产品提货方式是在配送中心的车间中心建立传送带,由传送带传送所有托盘,并依据订单中产品的种类及数量将产品放置于传送带旁边的空托盘中。图 5.1 展示了传送带在中间,两条托盘运输线和订单执行人员在旁边的情况。

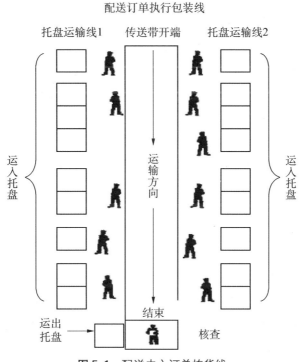

图 5.1 配送中心订单拣货线

当托盘或箱子沿着传送带传送时,需要核查托盘中的纸质订单,以确定拣货员需要从每个托盘中拣货至另一个托盘的食品的类型及数量。食品传送过程中不断重复该操作,直至再次核查确定所挑选产品满足订单要求。这项核查工作应该在含有订单产品的托盘被放入运输托盘之前进行。运输托盘在运输装载前放置于配送中心地板上,每个托盘装载到货车后,按照其特定的配送路线配送至消费者手中。

在上述情况下,食品污染、交叉污染及无法进行温度控制发生的概率大大增加。配送中心中装满食品的托盘在传送过程中食品品质往往受到环境温度和环境卫生的影响。冷冻食品在拣货前放置于室温条件下的地板上是不合常理的,如果忽略室温的话,冷冻食品在地板上的放置时间基本上是一致的。然而配送中心的地板在夏季温度可能会超过 37.78℃,而冬天则可能不会超过 4.44℃。在这种情况下,如果食品的拣货时长不变,而环境温度多变,食品的解冻时间将会存在很大差异。夏季冷冻食品会很快解冻,并在数小时内保持在过高的环境温度中。这种情况下,食品在配送到店前微生物滋生和食品腐败的概率会大大增加。

同等重要的是,大多数配送中心并不具备先进的空气过滤系统以过滤空气。在装货或者卸货时,不但存在由脏的卡车拖车装卸托盘带来污染物,而且使用频繁和存放食物的托盘或箱子本身就是污染源之一。

尽管在这些流程中已经实施了 HACCP 或其他食品安全控制措施,但食品安全审核人员在对食品进行定期审核的过程中,并不审核运输箱、托盘及货盘的卫生情况。脏的托盘或箱子在货盘上层层叠放时,污染物由上层纸盒落入下层纸盒的概率大大增加。由于大部分食品包装并未采用密封包装的形式,因此单纯地依靠感官包装控制措施来保障食品安全是不合理的,容易导致包装内食品的直接污染。

5.4 预防计划

如果运输过程中所使用的箱子、托盘或货盘视为食品污染源,通过辨别食品在这些容器中可能存在的潜在危害,新的食品安全要求被建立,包括这些小容器的检查及清洗流程,其要求涉及合适的温度控制、工序的审核控制记录等。

用来承装和运输包装或未包装食品的脏的托盘、提桶、箱子及其他小容器是食品运输过程中交叉污染的主要来源,如图 5.2 所示。

图 5.2 提桶、箱子、托盘、购物车等食品运输工具

图 5.3 描述了在小型环卫站中,箱子上插入或者贴上的低成本 RFID(无线射频识别)标有容器卫生状况的标签。标签被上方安装消毒剂的 RFID 读写器自动读取,并且在标签上标明消毒剂的使用时间和时长;而且结果数据传输至仓库电脑上。该系统为食品存放箱或其他食品存放载体的可追溯提供了可能,并自动记录保存这些食品存放载体的卫生记录,合理的初期投资条件下,不需要人工干涉。这种小型系统设备是可移动的,在卫生周期中,可以循环利用水及卫化学药品。

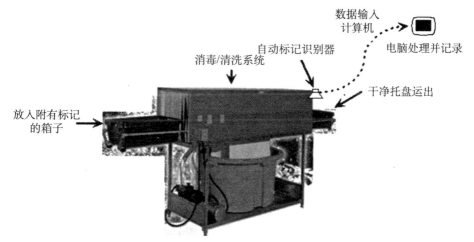

图 5.3　带有 RFID 标签、标签读写器记录功能的自动化箱子/托盘卫生状况系统

自动化的箱子/托盘卫生状况系统可以应用在食品配送中心或其他使用小型食品搬运箱的工序中。在食品处理加工过程中伴随着可能出现的大肠杆菌或其他细菌污染物迁移的危害,因此有必要通过 HACCP 计划和实施来建立预防微生物迁移措施。预防措施需要在了解潜在危害、危害控制措施、指定监测执行人员、培训、关键控制点、监测关键阈值、纠偏措施、保持记录(每个容器)和验证程序的基础上进行。使用该系统要求卫生状况易于管理并且有恰当的维修、监测和控制程序以便随时进行容器污染物卫生状况结果测试,确保食品在收获的月份或配送流程中食品卫生状况维持在特定水平。

5.5　HACCP 计划、实施及认证

扩展 HACCP 计划时应该考虑的基本概念为风险最小化。不论食品供应链中食品公司通过合作运输企业或内部运输车辆进行食品长距离运输,或短距离运

输,风险最小化在 HACCP 计划和实施应用及发展过程中起到重要作用,直接反映预防措施。进而,新的食品安全法案中所建立危害分析、防控措施、监测、纠偏程序、验证及保持记录等标准来避免食品因出现问题而被召回的现象。为了避免食品被召回现象的出现,必须要建立识别和控制食品安全风险的措施,并避免风险出现。图 5.4 从下到上描述了食品召回的流程。

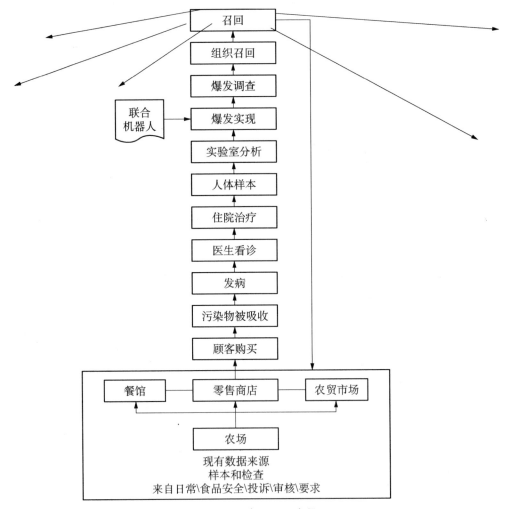

图 5.4   食品召回流程

如果食品被召回的源头发生在农场(见图 5.4 底部),那么商店、餐馆等消费者消费或食用食品的地方停止出售该农产品。一旦消费者购买问题食品,12~48小时内可能会出现腹泻、呕吐等症状。如果消费者自身免疫力难以克服,可能会在医院中死亡,死者的粪便或其他样本将送进医院实验室检测。并将研究结果输入实验室电脑中,食品突发事件反应网络(FERN)通过软件监测医院和其认证的实验室的数据,一旦 FERN 从某些或大量的数据中发现某一疾病成区域状分布,相应的食品召回调查研究就会启动。

这种召回行动的成功与否主要取决于追溯记录。电子追溯和追溯记录是食品召回调查员快速在食品供应链中找出污染源的主要依据。正如前面所说,纸质追溯和追溯记录容易延迟新疾病在新区域的召回调查。如果引起疾病暴发的食品已经送往大型配送中心而且在大范围内销售,问题食品源头的寻找将会更加的复杂和耗时。不论是食品或者货运箱若采用纸质追溯及相关追溯系统时,一旦出现安全问题,疾病的扩散速度将会大大增加而且预防疾病扩散的可能性大大降低。

在食品召回调查中,调查员一般采集水、车厢污染物、产品、土壤及生产加工等所涉及的车间的灰尘等样本,直至发现引起该疾病暴发的污染物而止。

容器的追溯系统提供了食品运输过程中的环境卫生及温度控制条件等相关信息,使得从广泛的搜集模式中快速准确地找到引起疾病的污染源的可能性大大增加。采用缺乏温度控制条件的脏的容器运输食品会大大增加食品被污染概率。

假设前面章节所提到的快速召回食品中所用到的技术也应用于食品供应链的中,这样可以满足提高 HACCP 计划和实施中施校正能力的要求。

图 5.5 是公司内部审核员或审核团队快速预览的 HACCP 计划的目录。一旦团队训练员或团队成员完成了 HACCP 计划和实施清单(见图 5.13),HACCP计划目录应是记录文件的一部分。

假定清单中详细定义了 HACCP 计划和实施的标准。为了向读者及系统实施者更明确该清单,清单阐述了各个标准,更具体地阐述了特殊需求和提供进一步指导的探讨。

HACCP 参考	HACCP 系统 系统组件 HACCP 计划
HACCP101	HACCP 计划存在
HACCP102	程序支撑计划
HACCP103	筹划支持团队

HACCP 参考	HACCP 系统 系统组件 HACCP 计划
HACCP104	在计划中制定 HACCP 培训要求
HACCP105	当地特殊信息记录
HACCP106	公司计划确定风险识别
HACCP107	公司计划识别 CCPs
HACCP108	公司计划中的关键数值将会控制识别的风险
HACCP109	HACCP 计划包括检测程序来确保满足关键阈值
HACCP110	这个计划必须包括纠偏措施策略来保持对掺假食品的商业审查
HACCP111	记录计划保证文档的存在
HACCP112	审查活动及其频率需要在计划中列出
HACCP113	计划中包括检测记录保持程序
HACCP114	当每次 HACCP 计划发生变更时，应该附上签名和日期

图 5.5 HACCP 计划目录样本

5.6 HACCP101 计划

标准：运输容器 HACCP 计划是指在食品运输过程中建立合理的容器污染物和掺杂物防控措施。

需求：任何缺乏 HACCP 计划的容器是自动审查的失误。运输公司内部或外聘审查员需要核实承运人所承运食品的 HACCP 计划的存在性及适当性。这也意味着各容器可能运输多种食品，而该容器所运输的每种食品都要有各自的 HACCP 计划。

美国食品安全现代法案对注册食品公司的基本预防计划，应当包括类似于以下提到的 HACCP 及食品安全现代法案准则的条款。计划应该注意食品安全现代法案所忽略的危害控制点（CCP）的识别和控制界限及 CPP 的监测修改。应当牢记食品和药物管理局（FDA）包括食品和药品两个部分。读者期待 FDA 建立如药品安全规定的那样的食品安全要求。这些要求包括 CPPs，相关的关键阈值和监控措施。在食品安全领域的质量控制措施应当预料和计划那些在现有食品安全要求中被忽略的部分，并按照期望的那样进行修改。

1. 危害分析

食品安全预防控制需要进行食品基础的危害分析。引起食品安全的危害主要分为微生物危害、物理危害和化学危害三大类。在食品供应链流程中识别潜在危害、建立监控措施及关键阈值(HACCP)。尽管食品供应商不需要得到美国食品安全现代法案认证和核查,一旦食品出现安全问题,去核查最末端的供应商是个很好的选择。食品流程图及危害分析都应包括食品的内在和外在处理流程。

2. 确定 CPPs

FSMA 不需要确定 CPPS,但大部分质量体系要求包含关键控制点。控制过程可应用于容器内部,CPPs 的认证需要质量控制。

3. 建立关键阈值

FSMA 不需要确定 CPPS 和关键阈值。

确定关键控制点后,需要相应的关键限值以作为区分可接受与不可接受水平的指标,如最低收益率、最大退回率等。例如,CPPs 的监控,计划测量或观察,确保产品或加工过程的控制。

4. 建立监控程序

为了确保预防控制措施的可操作性,需要持续地监测和收集数据。

建立监控程序是为了更好地控制关键控制点。

5. 建立纠正措施

为了减少问题复发的可能性,预防问题食品进入贸易、重新设计及更改工艺控制,控制与问题产品相关的原材料(装运、储藏、销毁、召回)。

6. 建立记录

为了监督、预防性控制、纠正和检验,记录的建立需要计划和文件,文件包括数据库、日志、签到表等。

7. 建立验证措施

建立验证措施是为了验证纠偏措施的有效性和说明 HACCP 体系建立的严谨性和科学性。包括对消费者投诉、记录检验、计划的重新评估及确定参数的监测。

5.7　HACCP 初始计划

在完成审计机关所需要完成的 HACCP 计划表单前,公司内部团队相互合作制订详细的流程及电子表格,以说明食品输入、处理工序及输出需求是非常重要的。为了使所建立的 HACCP 计划相较于上述讨论的一系列表格来说在视觉上更自然,将流程及电子表格结合起来形成一整套可更改文档,以便于追溯、工序校正及调整 HACCP 计划。

对于那些需要建立综合的食品质量安全计划,在计划开始制订时应明确计划系统的基本目标。以早期概念来看,食品安全主要关注于掺杂物,而食品质量主要集中于食品的外观、口感和营养。以食品运输的观点来看,食品安全更关注于保障食品在运输过程的卫生,确保食品中不混入掺杂物。冷藏食品的冷链运输需要进行温度控制以延迟或避免细菌的二次生长。

确定食品安全运输目标

(1) 为保持食品运输过程中的流程控制,需要对容器进行污染物监测,保证船运容器应当干净和卫生。

(2) 为了使包装食品运输过程中温度在标准规定范围内,应当监测食品的环境温度。

食品运输过程中对其品质要求多集中于口感、外观和营养,维持货架期,保障食品的外观。因此,该目标多关注运输距离、运往商场、超市的时长、预冷操作及食品由一个地点运往另一个地点所用的为避免食品损坏的容器类型。

(1) 提高食品装货速率。

(2) 满足消费者的食品安全标准。

(3) 进行投资回收率分析以确定由于改变对潜在收入所造成的损失。

5.8　流程图和区域

图 5.6 描述了前面所提到的食品短距离运输的简单 HACCP 流程。流程图详细说明了食品在配送中心运往商店前的分拣操作步骤。包括在配送中心冷冻或冷藏食品由冷冻箱到分拣中心、经过运输到商店冷藏存储的流程。

图 5.6 用三种颜色标识了三个可能会影响食品品质的区域。区域 A 描述了冷却机或冷冻机内的托盘,该区域温度位于恒定范围内,被认为是对食品质量影响最小的区域。区域 A 也包括干净、有温度控制的货车的运输过程,商店的冷藏储存过程。

区域 B 显示了食品放置在配送中心地上,处于室温、暴露在未过滤空气、害虫和其他掺杂物污染源条件下的加工处理流程。区域 C 是货车卸载流程,该流程中食品环境温度未得到控制,卸载区域可能是人行道或停车场。区域 C 的环境状况经常是

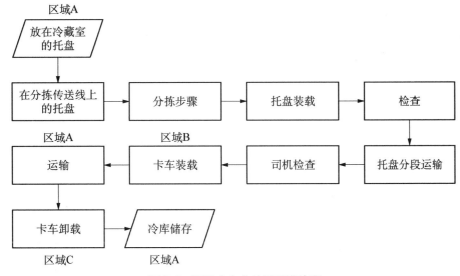

图 5.6　配送中心分拣及配送流程

在食品加工处理结束后才被注意,常被食品安全专家定义为食品安全控制区。

　　对食品分拣及配送过程的流程进行明暗处理或色彩标识,有助于识别和区分食品处理流程的关键步骤。在特殊加工过程控制中,常常使用彩色编码,结合初始电子表格则能描述得更加详细。区域及色彩标识有助于监测团队成员快速确定需要评估和校正的区域。

　　利用流程图,监测团队可以开始进行检验方案的建立并维持流程需求。图 5.7 列举了一些流程图及电子表格需要详细说明的食品安全危害和监测需求。

潜在食品安全风险　　　　　　　　　潜在测试要求

- 微生物污染物　　　　　　　* 箱子(ATP),地板,卡车(ATP)
- 化学污染物　　　　　　　　* 洁净的水
- 金属污染物　　　　　　　　* 干净的化学试剂
- 空气传播污染物　　　　　　* 冷库和卡车温度
- 害虫　　　　　　　　　　　* 周围环境
- 人类疾病　　　　　　　　　* 害虫扑杀
- 水源
- 动物
- 温度

图 5.7　食品安全危害和监测需求定义

　　为满足达到运输食品安全和食品质量的目标,需要建立双重计划。为满足特殊审计部门的需求,每个工序流程都需建立食品质量和食品安全流程图及电子表格。为满足上述需求,每个电子表格的标题格式依照图5.8、图5.9进行命名。

测定地点	关键点 测定环境	控制点 测定频率	说明
在源头	实验工具\实验系统	每月	ERA 限度
在源头	实验工具\实验系统	每月	EPA 限度
在源头	实验工具\实验系统	每月	dOOMPN/g
在地方	可视化测试	每年	N/A
在源头	实验工具\实验系统	当供应商改变时	单种病原体限度
样品	实验工具\实验系统	每年	实验室建议
样品	实验工具\实验系统	每年	实验室建议
样品	实验工具\实验系统	每年	实验室建议

图5.8　HACCP 的确定指标

标准作业程式(SOP)	标准作业程式#	文件 标准作业程式#	WI	日志/等.
水质监测和召回 SOPs	1.00	2.00	WM.0&2-0	测试数据/日志
水质监测和召回 SOPs	1.00	2.00	WM.0&2.0	测试数据/日志
水质监测和召回 SOPs	1.00	2.00	WI 1.0&2.0	测试数据/日志
建筑编码	1.00	2.00	城市测试 WI	保存维护日志
输入证明 SOP	2.00		WI 3-0	在文件中记录

图5.9　操作工序具体标准、作业指导和数据收集

　　图5.8揭示了使用电子表格所建立的满足内部检测人员所需要的详细信息,这些信息包括检测水的地点、使用什么样的检测设备、检测频率及合适的参考标准。事实上,这些详细信息是 HACCP 计划实施过程中所采用的、满足计划需求的一系列特殊目标。

　　假设每个图中,水是清洗托盘、货车及地板的输入参数。图5.8～图5.10的每一行用来定义危害降低方法、工序监控程序、文档、纠偏措施、验证方法、召回和目标管理。在图5.8中,依照环境保护局(EPA)的相关标技术参数,用实验室的设备按月检测源头中进入的水。每年选用其他检测方法进行一次水质监测,作为对实验的建议或细菌的控制范围。

图 5.9、图 5.10 是图 5.8 的延续部分,实际中会显示在图 5.8 的右侧。图 5.9 定义了由作业操作指导 2.0 和 2.0 支持的水检测和召回的标准操作(SOP1.00,SOP2.00)。相应的监测数据和日志应形成合理的数据记录。

在规范条件下处理	超规范条件下处理	纠偏措施	重新评估	追踪系统	召回	投诉管理
N/A	停止程序	自动失败	在新的源头之后	电子执行	召回标准操作程序	N/A
N/A	停止程序	自动失败	在新的源头之后	电子执行	召回标准操作程序	N/A
N/A	停止程序	自动失败	在新的源头之后	电子执行	召回标准操作程序	N/A
N/A	修护系统	修护系统	修复之后	N/A	召回标准操作程序	N/A
N/A	运入时驳回	新供应商质量	重新测试供应商	N/A	N/A	N/A
终止供应商	终止供应商	新供应商质量	重新测试供应商	追踪要求	存货控制	N/A
终止供应商	终止供应商	新供应商质量	重新测试供应商	追踪要求	存货控制	N/A
终止供应商	终止供应商	新供应商质量	重新测试供应商	追踪要求	存货控制	N/A

图 5.10 规范、纠偏措施、召回及投诉

图 5.10 是图 5.9 的延伸,提供了关键控制点的水检测结果信息。该部分电子表格建立了纠偏和重新评估措施,也详细标注了可追溯性、召回和投诉的管理程序。

图 5.8～图 5.10 是利用电子表格完成的头脑风暴和详细的食品质量和食品安全要求的样例。

食品运输过程中(包括长距离及短距离)与食品安全相关的潜在的危害点包括包装工人、设备及 HACCP 计划中所需的管理措施。

员工的要求包括与疾病、血液、手套、无子、清洗手、无饰品、伤口处理、产品清洗、无烟、无酒及无咀嚼等相关的记录和预防措施。

设备管理包括非法入侵、法律、抛弃物、EPA 政策、水淹、安全、区域污染物、浴室、急救箱和化学存储等。

管理措施主要包括政策、内部审核(也称之为自查)、标准操作流程、作业指导、培训、净化剂、门、锁、内部及认证审计、安全性等。

一般情况下,HACCP 计划需要在考虑中能够定义流程的开发流程图或工艺流程。图 5.11 显示了如图 5.1 所示的食品由分拣到消费者(托盘—货盘—消费者)的短期运输流程的工艺流程。在图 5.11 中,托盘由冷藏/冷冻室运

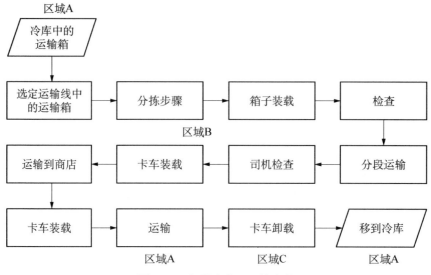

图 5.11　短距离食品运输流程

往分销中心。在执行存储订单时,从托盘中分拣食品并将各类型食品装入货盘,置于地板上等待司机核查和货车装货。一旦装货完成,货车参照配送路线将食品运往商店,并卸载。许多情况下,食品卸载在人行道等待放入商店的过程,是食品中污染物或细菌增长的主要来源。这期间时长基本上是一样的,司机需要打开商店门,进去,并将之前的卸载食品放入冷藏柜,好腾出空间来卸载之后的食品。许多司机打开货车门(食品内部的冷/热环境直接接触室外温度),并将全部食品卸载至人行道或停车场。通过对紧凑运输、配送流程、司机培训、监测及必需的纠正措施可以有效地减少分段配送的食品安全风险。

5.9　初步计划到 HACCP 计划形成

　　一旦监测团队制订了以便于讨论和关注细节的详细的初始计划,该计划中的一些信息就可以形成满足外部审计需要的表格。

　　这个审计 HACCP 计划一般需要上述定义的全部流程的信息。图 5.12 显示了关键控制点(CPPs)、各 CPP 关键阈值、监控程序、监测频率、合适的 HACCP 记录、验证步骤、验证频率及纠偏措施确定的一般规则。

HACCP 计划表

过程分类：运输

控制点地点	关键点阈值	检测程序	检测频率	HACCP 记录	核查程序	查证频率	纠偏措施

图 5.12　HACCP 计划

　　图 5.13 是识别食品处理工序、食品安全危害、危害方式的可能性、每个关键控制点的预防措施的表格示意图。该表格可包含多种处理工序。网络上存在多种多样的 HACCP 计划表格，但由于外部审计部门的需求不同，其实验的表格样式有所不同。

风险分析　产品_____

加工步骤	食品安全风险	很可能或者偶尔？	基础	预防测试	CCP

图 5.13　食品危害分析

5.10　HACCP102 以流程为支撑的 HACCP 计划

　　标准：确定流程以建立 HACCP 计划。

　　需求：适当的流程及记录是审计员审查的证据。HACCP 流程图和计划表用于建立一系列的标准操作程序（SOP）和作业指导（WI）。SOPs 和 WIs 包括训练、检查纠正和管理日常操作的详细说明、流程图或文字描述。其长度范围由 1 行至几页不等，用于支持 HACCP 活动。

　　这些流程应当进行合理的组织、编号、集中存档（计算机文档控制系统）及改变时的及时更新。及时更新程序存在很大的难度，主要原因是有很多文档副本保存在桌面以便偶尔参照使用。文件存放于员工书桌上会形成一系列问题，除非建立管理这些记录文件的系统如分发记录，并成为归档系统的一部分，当特定的文档需要修改时，则旧文档被修补、销毁并被新文档替代。

5.11　HACCP103 实施团队

　　标准：计划中的实施团队。

需求：HACCP 计划实施中需要有相应的团队支持。需要建立包含团队人员名字及工作任务的 HACCP 或食品安全团队列表，并更新最新的审核记录。应通过讨论团队中成员的相关工作内容确定所选的团队成员。当团队成员发生变化时要实时更新列表。团队成员列表应有相应的培训记录，以确保 HACCP 团队中是合格的受过训练的专门人才。

5. 12　HACCP104 培训

标准：HACCP 计划中所定义的培训内容。

需求：HACCP 计划需要包含培训需求、培训计划表、培训人员名单及实施团队所要求的培训内容。外部审计人员将会对培训记录和文档进行复核审查，以证明团队成员拥有审查资格。

培训计划应当包括培训程序、文档和维护，也可能包括预防、校正措施、监控、危害分析等 HACCP 实施标准中的内容。

培训管理应当包括管理标准中的所有标准和需求。

内部审核人员需要经过涉及验证及纪录保持职责的特殊培训。外部审核员通过审查培训计划来确定机构是否准备恰当，并有实施、维持及审核系统所必要的文件。

5. 13　HACCP105 具体位置信息

标准：所有记录中都要有具体的位置信息。

需求：HACCP 计划中的具体位置信息用于表明检查容器和卫生状况地点。一个公司中含有多个工作地点是十分常见的，为了保障实施一致性和公司管理一致性，公司以统一的格式建立文档并分发至各工作地点。各地 HACCP 团队需要确定本地团队成员、管理者、次数、日期等信息均记录在相应工作地点文档中，本地工作地点可以如审计地点一样便于识别。

公司内部和外部审计人员应当审核各地 HACCP 计划以确保计划中审核地点，容器检查、卫生状况、保存和管理的地点，计划中的地址、联系方式等信息是正确无误的。

5. 14　HACCP106 危害识别

标准：公司 HACCP 计划必须进行危害识别。

需求：外部审查人员作为 HACPP 培训者，应当审核计划中的危害等项目以确保危害识别方法是正确的。对于公司内部审查人员及当地工作人员来说，通过 HACCP 培训充分了解 HACCP 计划的需求是明智的。

在食品运输公司，使其员工了解 HACCP 危害识别方法是不太可能的。由于食品运输公司所运输食品的多样性，食品公司有必要进行学习、明确、理解不同类型的潜在细菌及其他微生物，并建立合理的预防措施。

本章开始时所描述的短距离供应链中所涉及的企业并不能保证食品在熟化前微生物不增长、不含有其他掺杂物。然而熟化有可能是工艺加工过程的一部分，宰杀（高温或冷冻宰杀、避免微生物增长的措施）也是其组成部分，如果熟化食品允许被解冻并长时间置于室温条件下，就会发生食品腐烂和微生物增长的情况。如果一个结冻的汉堡包肉片在配送或分拣过程中解冻，就很可能混入掺杂物及引起人类患病甚至死亡。

有关各种食品的危害水平及潜在污染物的信息来源很多。尽管好的 HACCP 训练员可以有效节省时间，但国际食品安全标准（5.1）是调查危害的有效的参考指南。国际食品安全标准为食品、添加剂、化合物、维生素、可追溯、卫生等上百种物质提供标准规定，是运输人员的重要参考指南。该标准有英语、法语和西班牙语三种语言版本，可以在网上免费查看及下载。

国际食品安全局网站（CODEX）上的搜索窗口可以检索到 100 多种与运输相关的标准。

5. 15　HACCP107 中关键控制点的确定

标准：HACCP 计划必须确定关键控制点。

需求：审计员需要进行 HACCP 培训或获得 HACCP 认证，审查关键控制点及其他条目确保 HACCP 计划中含有所有合理的关键控制点。关键控制点的确定需要了解特定食品运输过程中的具体流程。是否是在农场级别内进行短距离运输或进行长距离运输，任何过程中都可能掺入污染物。事实上与此同等重要的是污染物的迁移及其在运输过程中的传递、未污染食品及工作车间的交叉污染。

温度、湿度、环境卫生等是可控、可量化的变量，并依据不同产品不同运输条件的不同而改变。

计划人员需要寻求特殊的处理流程以确定各操作流程存在的风险及问题食品污染物的发生点，控制这些关键控制点以避免污染情况的发生。

5.16　HACCP108 建立确定的关键控制点的极限值

标准：HACCP 计划中的关键控制点的极限值用于控制被识别的危害。

需求：公司内部或外部审查人员应当核查 HACCP 计划以确保关键阈值的准确监测，可以用来有效控制被识别的危害。关键阈值的确定需要了解章节 2 所提到的运输车或运输站的温度最低和最高界限、HACCP 培训人员、审计人员或顾问及局部食品移动方式涉及的其他人员的意见。

除了温度控制以外，在容器清洗流程中应当建立容器表面微生物检测的关键阈值。

清洁和卫生，测试结果将会作为最大的阅读值。尽管卫生专家的指导和《食品法典》的标准会有所帮助，实施这种检测方式是为了建立检测程序而不是对于容器中实际微生物的含量的测定。经过重复的 ATP 测试，需要频繁地调整环境卫生保持程序、调整水温、清洗程序、喷雾压力和时间以及不同食品所需的防腐剂类型。

一般情况下，关键阈值的制定需要进行统计过程控制（SPC）。当频繁（每小时/天/周）地监测流程，可以确定地得出标准变化范围。当多次重复测定所得结果不可能完全相同的原因是工艺处理的多变或监测仪器的自身误差。采用 SPC 程控有助于将变化的来源分开并转变为内部审核人员可控制的来源。采用 SPC 显示出差异并找到违背统计分析的最大最小工艺控制水平的地方，有助于使内部审查人员明确需要进行校正或预防措施的具体流程。

5.17　HACCP109 监控程序

标准：包含控制过程的 HACCP 计划确保满足关键阈值。

需求：HACCP 分期计划中的监控程序和监控频率是保证达到关键阈值的。公司内部或外部审查人员应当审核 HACCP 计划中的监控程序和监控频率以保证流程满足关键阈值。依据计划需要详细说明工艺的监控时间。监控频率为天、周、月或其他时间间隔,在许多组织中需要采用 SPC 程序。

计划实施阶段,需要伴随监控措施和必要的措施。

5.18　HACCP110 建立纠偏措施

标准:HACCP 计划中必须有纠偏措施设计来剔除贸易中的掺杂食品。

需求:计划中的预先纠偏措施能够保证劣质食品不进入贸易范围,其原因是对关键阈值的纠正。

公司内部或外部审查人员应当审核 HACCP 计划以决定其纠偏措施能否保证劣质食品不进入贸易范围,关键控制点的误差来源是准确的。劣质食品的预防、识别及移除原因需要先进行验证和应用(详见 M11 - M113 规定)。

一些公司中,员工从事不同的职业,当需要实施纠偏措施时,所有员工会集中在一个地方考虑问题所在并制订一系列处理劣质食品的纠偏计划。在一些地方,这种临时团队被称为材料审查委员会或 MRB。该 MRB 可以迅速确定劣质食品的处理方法。这种处理方法可能会将食品召回、销毁、剔除,在检测或者经过一系列"如果"的说明之后返回零售商。这个方法一般不作为预防措施,但可以作为完全因果分析或限制团队活动的补充措施。

5.19　HACCP111 记录保持

标准:计划中存在的保持记录文件。

需求:HACCP 计划中提供了记录保持系统以存放 HACCP 计划实施过程中所有监测记录。公司内部或外部审查人员应当审核 HACCP 计划以确保关键文档的识别,建立合理的系统以保证记录的完全存储。

尽管在其他标准中提到过食品运输环节需要将容器的唯一标志码与追溯性及环境卫生记录链接起来。容器的记录保持计划是大部分公司的新实践,大型公司由于其运输食品容器数量的庞大性需要自动地记录保持系统。

HACCP 计划需要提供安全的记录保持系统以保护计划所需的记录。对记录保持系统的审核范围应该包括关键控制点及关键阈值的检测报告、纠偏措施、验证措施及完整系统实施中所需的证据文档。

依据计划中的特定目的,食品运输容器的记录需要各容器有唯一标识,根据所需要的程序,标识码需要关联记录时间和清洁日期。进行温度控制的容器,温度记录应当关联标识码和清洁日期。团队会议记录应该被考虑和添加其中。

5.20 HACCP112 建立验证程序

标准:HACCP 计划列表中的验证程序和验证频率。

需求:公司内部或外部审查人员应当审核 HACCP 计划以确保计划列表中含有验证程序和验证频率。验证是计划实施过程中评价迁移内部核查能力的关键所在。企业必须建立验证程序以保证 HACCP 计划满足以下要求:

(1) 能合理地预防或控制特定危害。

(2) 采用相同的形式进行计划的实施和跟进。

验证程序需要校正测试设备及每周的监测、纠偏措施及校正记录。例如,某一计划中要求进行设备的维修及维修后的检查,就必须有相应的维修及检查结果记录以确保记录是完整、如期存档的。

5.21 HACCP113 监控记录存放程序

标准:计划中所需的监控记录存放程序。

需求:企业需要建立满足检测记录的程序并存档,并将流程管理作为一般文档管理系统的一部分。公司内部或外部审查人员应当审核 HACCP 计划以确保计划中建立了相应的检测记录程序。记录监测活动可能依照流程中描述的预定日程的方式进行。

5.22 HACCP114 签字及日期

标准:HACCP 计划每次发生更改时必须有相应的签字及日期。

需求:企业管理最高负责人进行 HACCP 计划的签字及日期记录。签字及日期记录有助于收购及涉入管理。管理人员的主要职责是对财政及日常活动计划实施管理。接受原始初步计划或对其进行更改时都要进行签字。即便计划未进行更改,建议管理人员每年进行一次计划及实施活动的审核。任何组织的变更都要反映在管理标准上,若计划的最初审核人员离职或职位变动,新审核人员对计划和实施及其执行情况进行审核。

公司内部审核团队应当对计划中签字及日期记录进行审核，以确保计划被管理人员或其他计划实施负责人审核、签字并批准。

5.23　HACCP 实施标准及要求

图 5.14 是一些审核团队偶尔用于审核 HACCP 实施所采用的 HACCP 列表实例。有些情况下团队需要创建特有的审核条目，在其每月或每季度的审核中随机选取若干种条目进行审核。

	HACCP 补充
HACCP115	执行监督和纪录保持程序
HACCP116	记录包含实际值
HACCP117	记录当收集的时候就被记录
HACCP118	审阅记录和时间表
HACCP119	记录表格满足一般要求
HACCP120	执行并建档记录评阅
HACCP121	采取纠偏措施
HACCP122	纠偏措施预防食品进入市场
HACCP123	纠偏措施要被建档
HACCP124	执行纠偏措施审阅
HACCP125	采取预防措施
HACCP126	预防措施被建档
HACCP127	预防措施的记录审阅要按照时间表
HACCP128	为了完整性，预防措施的记录审阅要被审阅
HACCP129	仪器需要被校准
HACCP130	建立校正程序
HACCP131	执行校正记录审阅
HACCP132	校正记录审阅确保程序的一致性
HACCP133	执行核查活动
HACCP134	核查活动包括投诉、校正、检测和记录审阅
HACCP135	核查活动被建档
HACCP136	当被核查需要时，纠偏措施要保持完整性
HACCP137	保持 HACCP 记录
HACCP138	要求 HACCP 记录保持两年
HACCP139	HACCP 记录可以复制

图 5.14　HACCP 初始实施条目样本

5.24　HACCP115 监测和保持记录程序

标准：计划实施中需要监测和保持记录程序。

需求：企业在 HACCP 计划实施中需要有监测和保持记录程序以实施、控制监督及纪录保持等活动。监测和保持记录程序包含具体的操作步骤以确保监测数据记录填写的特定时间和地点，保证及时记录、存档和其准确性。HACCP 实施标准中 115～117 用于提供记录数据的特殊说明。

纸质和电子记录保持有很大的差别，特别是在审核同一格式下保护原始数据不被修改或删除的情况时。事实上，预防措施伴有剔除合规结果，这表明了企业不仅明确其监测系统，而且也说明了公司为实现食品安全标准而不断进行的努力。

例如，FSMA 规则允许在电子记录中使用电子签章，只要电子签章是清晰易读的并及时存入数据库中就永久有效。该规则需要有标志码、密码控件、唯一识别码、密码防盗保护措施、对电子记录系统保护能力的测试及越权进入访问点的警示系统。

5.25　HACCP116 真实记录

标准：真实记录。

需求：与 HACCP 标准 116、117 相关，从数据记录活动中获取相关的记录值，并进行及时记录以确保这些数据反映的是真实数据。

5.26　HACCP117 及时数据记录

标准：数据收集时的记录。

需求：用于表明数据被观测的同时就被及时记录。

审核人员需要对数据记录进行核查以确保公司或个人所获取监测数据不是抄袭之前记录，也不是距真实测定时间很长之后再记录的数据。为了满足记录需求向记录中添加未经审批的数据的行为是很常见的。这种做法是错误的且容易引起外部审核人员深度挖掘公司的文档、流程及记录活动，因为他们会认为这是对食品安全原则及实施原则的失信行为。

　　建立记录和记录保持作为真实活动发生的依据、真实活动发生的准确记录。管理人员的临时审查清档应该包括记录检测,以便为公司或部门决策提供一个简单快捷的方法。

　　外部审查人员需要追踪特殊的记录评估,并对重复的记录进行重复评估。评估记录和时间应被列出,以便于其他审查员使用。

5.27　HACCP118 评估记录和记录时间

　　标准:必须按照时间表安排评估记录。

　　需求:每隔一段时间要对记录进行更新,并依照 HACCP 计划中的 102 部分规定的流程评估其完整性、及时性及准确性。HACCP 计划实施过程中需要相应的数据和记录以便于数据管理和维护时的定期检查。一般情况下,记录按照某个特定周期进行更新。

　　在短距离运输流程中,当容器在分销中心由一个地方运往另一个地方,和在分销中心每月一次的对容器进行清洁处理时都要进行数据更新。

5.28　HACCP119 记录格式

　　标准:记录格式满足一般要求。

　　需求:满足 HACCP 记录要求的记录格式一般需要包括名字、位置信息、日期、时间、签名和其他 HACCP 计划活动中所需的相关信息。企业一般自行定义一个记录格式标准用于食品运输环节。企业记录格式是文档管理部门的文档管理说明书的一部分。

　　审核人员需要对记录进行检查以确保能够完全与数据获取地点的活动等信息匹配。企业内部或外部审查人员应该检查数据获取地点的名称及位置、日期/时间、签名或监测人员名字首字母以及其他所需的相关信息,同时也要检查记录及格式是否与流程、计划中所设置的格式一致。

5.29　HACCP120 审查记录并存档

　　标准:依照所建立的流程执行记录的检验和检测。

　　需求:HACCP 监测目标中,对完整的正在进行中的记录审查要检查和存档。

已更新或计划更新的文档需要每周进行一次检查以确保文档的及时更新。有明确的理由表明容器等载体的数据更新周期为每天一次。高频率的记录保持和更新意味着进行中的检测是确保记录得以实时更新的关键所在。

企业内部或外部审查人员需要审核包括记录在内的流程,并按照企业书面流程需要审核记录的完整性、及时性及准确性。审核记录中的活动记录是确保活动满足企业书面流程的需要。

5.30 HACCP121 纠偏措施

标准:实施纠偏措施。

需求:一旦流程偏离其关键阈值,企业需要执行预设的纠偏措施。需要建立一系列的纠偏活动格式说明来记录纠偏活动。MRB 所执行的特殊问题的纠偏措施在流程中得以说明。

企业内部或外部审查人员需要通过审核记录来确定当流程偏离关键阈值时企业是否执行了纠偏措施。例如,带有不能正常使用的制冷设备的货车进入分销中心时,食品的卸货会受到一定的影响,应当有一系列预先的措施及培训活动来保障产品的配置及安全。

5.31 HACCP122 纠偏措施的设计

标准:设计纠偏措施以保证问题食品不进入贸易。

需求:纠偏措施不仅能保证问题食品不进入贸易,而且能够确保偏离关键阈值的流程得以纠正。

纠偏措施包括(不局限于):产品销毁、筛选、报废、重做及其他企业库存管理程序中认定的措施。产品处理记录要保证问题食品不进入贸易,偏离关键阈值的流程得以处理和纠正。

建立纠偏措施的目的在于保证问题食品不进入贸易、引起疾病或死亡及召回。建立有效的纠偏措施是企业在食品运输及分析流程中寻找影响食品安全的物理位置的关键。目前市场上的追溯系统并不提供企业所需要的在食品供应链中的食品运输的位置等信息。没有这些信息,企业难以成功地执行纠偏措施。

5.32　HACCP123 纠偏措施归档

标准：记录相应的纠偏措施。

需求：企业用文件准确地记录纠偏措施和相关决策。企业内部、外部审核人员和支持团队成员需要审查与纠偏措施相关的记录确保企业按 HACCP 计划要求建立了纠偏措施文档记录。文档应在活动实施前完成而不是在实施中或实施后完成。如果企业未建立合理的纠偏记录以确保问题食品不进入贸易，企业很有可能会激怒审查人员。如果企业在文档中未能明确说明位置、问题食品的销毁或处理措施等信息，就可以自动认为该企业没有适当的控制程序来阻止问题食品流入市场和到达消费者手中。

5.33　HACCP124 验证措施审查

标准：执行纠偏活动记录检测。

需求：按照时间表要求，每周执行纠偏活动记录的检测。企业内部或外部审核人员通过检查纠偏活动记录和审查时间以确保企业依照 MRB 的程序、计划、需求建立了每周一次的合理的纠偏活动记录。如果 MRB 会议决定处理某个运输环节的问题食品，这并不意味着处理行为真的发生了。纠偏措施的验证需要团队成员或者管理员进行随访和检查以确保纠偏措施按照预期情况实施。纠偏措施一般是预防措施的预备环节，因此需要团队找出潜在的问题。MRB 应当决定企业是否需要建立与纠偏活动决策及食品处理相关的预防措施。

5.34　HACCP125 预防措施

标准：采取预防措施。

需求：一旦流程偏离其关键阈值，企业需要执行预设的预防措施。预防措施与前面所讨论的纠偏措施的不同在于预防措施是一系列的要求。当流程偏离其关键阈值，企业需要开发和执行预防措施，包括纠偏措施已经实施并执行之后的因果分析。企业内部或外部审查人员或小组成员需要经过预防概念及实践活动的培训。作为后续纠正措施，要求记录检查来确定任何受影响的产品是否已经进入了市场，并对预防措施进行定义和实施。记录中需要包括食品位置信息、包括问题食品判定原因在内的详细的食品处理记录,以及为剔除原因所采用的措施及检测方法。

5.35　HACCP126 预防措施文档

标准:在需要时采取预防措施并记录。

需求:企业对剔除原因所采取的预防措施进行记录。

企业内部或外部审查人员通过检查记录确保 HACPP 团队建立了预防措施文档。该文档是需求文档及记录保持系统的组成部分。某些情况下,初始问题会有相应的编号,并与描述初始问题的关键词关联。当文档管理完善时,其他团队可以参照该文档以缩短类似问题的解决时间。

5.36　HACCP127 按时检查预防措施文档

标准:参照建立的时间表进行预防措施文档的检查。

需求:参照每周时间表检查预防措施文档,并对预防措施存档。一个工作周内必须完成预防措施记录的建立和存档。一般情况下,检查预防团队会议间隔期间进行。如果预防团队每周进行一次例会,这种定期例会自动实现文档的定期检查,因为团队会在上周记录的基础上更新和指定新的检查条目。外部审核人员通过检查相应的日期确定预防措施文档的检查是否按计划实施。

对于预防措施团队来说,准确地确定许多问题的根源是不可能的。每周一次的预防措施文档检查不应当与解决问题混淆。尽管记录应该被建档,在一周内存档,随着根本原因分析的更新,消除根本原因往往需要若干月。

5.37　HACCP128 文档完整性检查

标准:预防措施文档需要检查其完整性。

需求:执行预防措施文档的完整性检查是为了确保预防措施文档是完整的已实施的。

企业内部或外部审查人员通过检查预防措施文档确定预防措施是否含有允许验证预防措施已经被 HACCP 小组采用的信息。以第三节讨论完整的预防措施计划和追溯系统为例,记录检查时允许团队成员自行定义性能目标,按照预设目标进行检查。在因果分析时可能采用石川鱼骨图、柏列特图分析确定具体目标的优先性、追溯措施；表格中还要包括团队成员及成对团队活动所做出的贡献。

5.38　HACCP129 设备校正

标准：设备需要进行校正。

需求：所有的程序监测设备每隔一定时间要进行校正。校正内容包括温度、传送速度、消毒装置的压力监测、校正用于跟踪和追踪托盘卫生水平的 RFID 射频辨识装置。温度检测中的 RFID 标识需要进行校正，并按照规格要求进行恰当的校正以获取合格证明。

设备上的校准标签必须是透明的，并含有最后校正日期及下次校正日期信息。企业内部或外部审查人员通过检查标签确定设备的最新校正时间及每个设备维护的记录。

5.39　HACCP130 校正程序

标准：建立校正程序。

需求：企业对检测设备的校正程序的方法进行说明。使用校正设备的企业要有证据证明该公司对特定设备的校正有资格认证（外部审查）。校正程序一般比较复杂，并形成相应的记录文档以满足其认证需求。任何需要进行校正服务的公司要确保校正实验是合格的，这就意味着检查现有校正文档及需要被校正设备的特殊需求。

5.40　HACCP131 校正记录

标准：执行校正记录的检查。

需求：对每个需要进行校正的设备检查其校正记录应该在记录创建之后的合理时间间隔内执行并存档。HACCP 团队成员应独立进行校正记录的检查。多数情况下，设备都需要进行校正，如温度监测设备等含有某些标签及附加说明的设备需要与归档系统中的记录进行核对。企业内部或外部审查人员需要检查这些文档，确保团队成员或责任人按照预定日期进行文档检查。企业内部或外部审查人员通过审查校正记录确保校正活动依照企业程序完整、准确地进行。

5.41 HACCP132 与程序相符的校正措施

标准：设备校正应依照既定程序进行。

需求：设备校正的执行和规定需要依照相应的既定程序进行。对监测温度、速率、湿度、其他变量的设备的校正应依照既定程序进行。审核人员需要比对程序执行情况与已确定校正的执行是否依照既定程序正确地进行。许多情况下，实验室或代理商作为服务提供者执行设备校正。内部审核人员在访问外部校准实验室时，应特别注意和观察是否采用一系列既定程序实施校正措施。

5.42 HACCP133 验证措施

标准：执行验证措施。

需求：如 HACCP 计划所述执行验证措施。验证是判断 HACCP 计划是否能够有效地降低风险和预防问题的发生。企业内部或外部审查人员的责任是检查选定危害、CCPs、关键阈值以确保预期的控制水平是有效的。正如前面所述，审计员应参照 HACCP 计划所述执行验证措施。审查人员参照对计划依照程度对检查结果打分。通过如投诉、检测表中数据的缺失、日志或其他记录等企业内部或外部审查人员的过失的存在来检测系统错误。这些信息说明了系统是无效的，因为外部的过失能够从预期控制机制中逃脱。当这种逃脱发生时，HACCP 计划需要进行重新评估。如果出现消费者购买了过期食品或者觉得购买的食品有些变质的情况，说明承运人建立的 HACCP 计划是无效的或设计是不合理的。

5.43 HACCP134 完整性检验

标准：完整性检验包括投诉、校正、监测及记录。

需求：处理的完整性，企业在验证措施包括对投诉、校正、监测及记录的检查。企业应确保 HACPP 计划的有效运行及完整实施、记录追踪并且响应消费者投诉、进行设备校正、纠偏和预防措施的执行。企业内部审计人在每个审计周期对这些文档进行检查，确保企业的检验按照检验活动的基本方针进行。

检验对象可能包括外部或临时检验、监测。例如，如果容器的卫生状况处理按照相应的程序进行，清洁和过程控制可以通过二次验证或 ATP 表面取样来确保清洁程序能有效地将污染物控制在规定控制限度之下。HACCP 体系中涉及的流程点都需要进行检验。

5.44　HACCP135 文档验证

标准：记录检验活动。

需求：审核团队需要通过检验文档确保检验活动得以存档、其存档方式便于进行检索。检验是文档要求的重要组成部分。作为系统验收或运输验证组成部分的任何检验和检查应当被合理地记录和说明。用于表征容器清洁度和温度控制的环境卫生及温度数据记录应该进行检验和存档。

5.45　HACCP136 纠偏措施的检验

标准：检验是确保纠偏措施的完整性。

需求：当某检验活动确定需要进行纠偏措施时，往往会立即进行检验。审查员通过审核日期确保必要的纠偏措施得以实施。纠偏措施作用周期内应通过程序来控制产品，旨在剔除、召回、销毁劣质食品直至决定处理方案，流程得以改善实施。

5.46　HACCP137 HACCP 记录的保持

标准：保持 HACCP 记录。

需求：在特定时间内所有 HACCP 记录需要存放在审查部门。包括与 HACCP 计划实施相关的所有记录、文档、纠偏措施、验证、监测及其他 HACCP 需求。体系足以保障食品不会因遭受火灾、水灾而出现变质现象。超出规定保留日期的文档应该在单独的归档系统中处理或保存。旧文档的移除意味着文档编制系统有效运行。

5.47　HACCP138 记录保存时长

标准：HACCP 记录需要保留 2 年。

需求：所有的 HACCP 记录和文档需要保存 2 年。食品运输管理系统要求记录在认证程序开始后保留 2 年。HACCP 记录保留时间与此相同,审核人员应当检查至少保存了 2 年的文档。

5.48　HACCP139 HACCP 记录的可复制性

标准:HACCP 记录可以有效复制。

需求:所有的 HACCP 记录应该便于企业检查和复制。

HACCP 归档系统应该是可用的、充足的、组织合理的,以便于需要时审计人员进行记录检查和复制。外部审计人员日后可能需要对检查的记录进行复制和记录,以便于由于其他原因致使检验中断的审查人员继续检验。

5.49　食品运输过程中的 HACCP 计划

在途食品的 HACCP 体系计划和实施需进行新的危害分析:关键控制点的识别和监测、所有关联纠偏措施、预防及验证措施。然而,只要食品可能受到污染或失去温度控制,就可能存在风险。风险类型与食品类型、食品中携带污染物的历史记录有关。这些潜在风险会导致细菌的迁移,高风险的食品可能会引起人类患病或死亡。

如今,食品的运输距离基本在数千千米以上,但食品运输过程中并未进行运输条件控制、危害预防及控制等,这些成为 HACCP 或与 HACCP 相关的控制体系中需要考虑的关键问题。

第6章 在途容器卫生标准
——包装和包装控制

当考虑到运输食品的容器从一个地方运送到另一个地方时,容器自身的卫生就十分关键。在很多情况下,容器内的产品基本上没有受到容器中气体的保护,不论容器自身是否处于冷藏和封闭条件。在其他情况下,容器装载包装好的食品用以避免食品在通过供应链移动过程中变质或掺杂。尽管包装对这里所说的运输容器控制的利益是外部的因素,但是食品运输的容器和食品包装之间的相互作用需要一些探讨。

现在的食品安全标准注重包装车间、处理程序和其他一些手持操作,这些条件用来防止包装污染,如扁平箱可用于防止食品变质等。

在一些配送系统中,冷藏食品如三明治或面包采用塑料薄膜包装,暴露于外界条件下可能会解冻。

洗手不能避免食品污染,污染可以从包装转移到手上(戴手套或清洗与否)然后直接转移至食品。

污染转移以及诸如此类的问题通常会被食品处理者忽略,这为食品掺假和疾病的扩散创造了机会。然而食品行业好像还没有找到改善控制包装污染的方案。

6.1 研究的缺失

在食品移动过程中,不当包装和缺失的卫生控制为污染物提供了更多的扩散机会,它们以一种尚未被看作有风险的方式影响食品安全,因为这些问题的研究尚未得到资助,尤其是在污染物的转移方面。

一般来说,现代食品安全是一个相对较新的问题,厄普顿·辛克莱的《丛林》[31]揭示了美国肉制品包装工厂内部的腐败,在这书出版之前食品安全和卫生没有被真正当作一个问题。这本书出版后,美国肉类出口销售减少一半。为了平息众怒,并展示他们肉制品的安全,主要的肉类产品包装商游说联邦政府通过立法,支付在美国额外的检查和肉类的包装认证。他们的努力,再加上舆论哗然,导致1906 年《肉类检验法》和《食品和药品法》的通过,并建立了食品和药品监督管理局。

从那时起,很多法案被提出来,每个法案都提供方向和指导以及基于科学探究的一些内容,然而却忽略了一些其他的研究。如果现有的程序让商家支付更多的费用(或失去利润),一些包装和运输企业可能会努力试图改变现有的流程。

毫无疑问,可接受和标准化卫生习惯的食品供应链正面临着巨大挑战。然而下面列出的一些标准是通用的并且是为全世界的指导而建立的,其他模棱两可的标准,对其也没有已知的答案。该标准是向食品运输者发起挑战,它要求运输者为具体的特殊情况和相关的产品建立预防计划、流程、控制及解决方案。

6.2　容器卫生(S)

容器卫生标准要求允许一个审核员核实一个公司清洁、卫生状况和测试容器内部的程序、文件、记录保持的计划和发展方向。容器卫生也要求对员工进行适当培训,拥有者和用户进行自我检查,或内部审核以及如果发现容器不合规格时的纠正措施。

例如,若容器卫生发生在一个维护站且这个维护站是在由他们的顾客或要求容器卫生的公司提供的管理、HACCP 和可追溯性要求下进行工作的,那么卫生标准可能与其他管理和 HACCP 或可追溯性标准分开。

要求温度、湿度、可追溯性、卫生和 HACCP 控制的数以百计的食品避免化学、生物或核污染,已知的过敏原如鸡蛋、牛奶、大豆、花生、木本坚果、甲壳类动物、小麦和鱼也必须被控制以避免交叉污染。

图 6.1 是一个容器卫生标准。图中列出的 19 项标准,概述了对容器卫生的要求。

S	容器卫生
参考	系统组成部分
S101	容器掺杂预防方案
S102	审查和责任管理
S103	培训,资格和认证
S104	容器卫生检测程序

（续表）

S	容器卫生
参考	系统组成部分
S105	唯一的容器编号
S106	每个容器编号的记录
S107	保持容器卫生记录（2 年）
S108	容器检查记录
S019	清洗前后检查记录
S110	修正措施
S111	容器测试和重新测试（ATP）
S112	容器 ATP 测试数据
S113	水源记录
S114	清洗用水测试
S115	清洗用水质量
S116	清洗用水温度
S117	害虫的证据
S118	温度测量设备的校准
S119	仅用于运输食品的容器

图 6.1　容器卫生标准

6.3　S101 不合格容器的预防计划

标准：这是一个建立容器污染和变质预防以及包括监测和建立预防措施程序的计划。

要求：公司应该有一个计划，即：为维护常用于运输食品的容器建立一个卫生系统。这个计划必须包括食品运输过程的识别、清洁和追踪容器的政策和程序。该计划应该有公司负责人的签名和日期，并一步一步推进，与员工分享，并保存在一个员工可以获得信息的地方。这个计划需要将特殊容器运输的不同产品考虑进来，每一个容器从一个地方运送食品到另一个地方的频率；涉及什么样的地点；装载的条件；清洗的频率和用水、温度和化学物质；压力设置；以及其他可能会影响容器内运输食品的因素。

在很多情况下，HACCP 计划将一些因素包含在卫生计划内，但是在其他情况下，卫生计划被单独分开。例如，一个饲养者/运输者作为一个独立服务者，维护站将需要为那个饲养者开发一个卫生计划，该计划需要符合饲养者自身的提出的要求。

用专一运输食品的容器并不表示一个运输的容器将不被用于运输其他过敏类物质,如装 100 lbs 花生的麻袋,然后可能用于装运输西红柿的箱子。必须做一些测试以确定设计和实施什么样的卫生计划以避免过敏原交叉污染。显然,要避免交叉污染装载的潜在危险,可以通过使用特定的容器解决。

6.4　S102 管理审查和责任

标准:要求管理者审查和更新卫生计划,并且分配给特定个人实施的责任。

要求:管理者在每年或更频繁的基础上对卫生计划进行修订。当程序或其他计划改变时,卫生计划需要及时更新。确保分予培训员工监督计划实施的权利和责任的位置是管理者的责任。这些人将包括(但不限于)内部食品安全领导和团队成员。

这个计划应该包括一个组织表,它清晰地描述特定组织岗位的卫生责任,而且应该包括接下来任一标准的一部分。

对已经使用了食品安全管理计划的公司来说,运输卫生标准应该包括在公司整体食品安全计划中。

6.5　S103 培训、资格和认证

标准:应该建立一个培训项目以保证卫生专家有能力和资格实施方案要求。

要求:根据 HACCP 计划或者其他公司标准对卫生员工进行培训,以使他们能够胜任容器清洁工作,并让这些培训的员工得到关于卫生专业知识方面的认证。认证意味着培训的员工将学习和完成培训,培训包括书写、实践测试、资格记录的规范填写。除此之外,公司必须确保只有那些得到合理培训及已经证明有能力的员工才能分予容器卫生的岗位。

培训、资格和认证标准的审核要求内部和外部审核员彻底地调查和核实具体岗位员工的培训和分配。这要求培训记录、组织表和员工可视化核实、匹配培训和认证记录的审核。

6.6　S104 容器卫生监测程序

标准:由公司建立容器清洗和卫生监控程序,以确保容器监测和卫生的持

续性。

　　要求：为所有容器卫生程序的维护建立一个清晰方便的系统。程序应该根据公司文件标准进行开发，且应该表现出定期检查和更新、使用修订的级别证据。应该对程序进行编码，格式一致，与主要程序参考表匹配。

　　对一个合适和保护程序的归档系统或组合应该进行评估，所有的卫生程序和格式应该对所有员工公开且便于员工审查。分配特定的员工维护关于容器监控的所有程序。

　　为了支持容器检测的发展，设计用于容器维护和监控的测试程序。

容器卫生监控程序样例

　　图 6.2 是一个用于运输产品的容器或卡车的基本清洗操作的流程图。一般的流程图用于帮助证明和引导关于清洗操作程序的发展。这个流程图显示抵达清洗站的卡车，一个训练有素和认证的员工对其进行初步检查。在这个案例中，卡车可能进行一次标准的清洗（可能使用适当压强下的冷水）或在检查的基础上，用含氯 400 倍液（ppm）的混合物进行一次清洗。清洗后，再用城市用水在 180 ℉

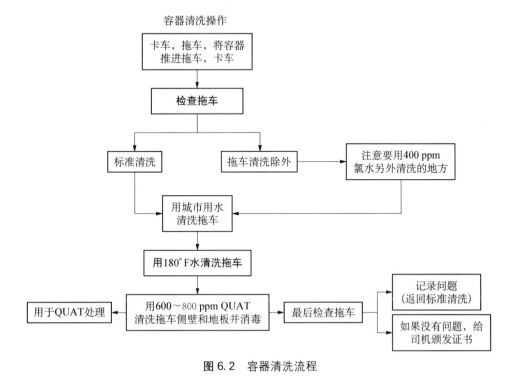

图 6.2　容器清洗流程

温度下进行清洗,容器或卡车拖车在进行最后检查之前需要用 600—800 ppm
(QUAT)混合液进行清洗。一旦通过最终审查,司机就获得了含有时间、日期、地
点和完成清洗操作个体的凭证。

这个卫生状况容器清洗操作流程(见图 6.2)可以被修改,以适用于任何基础
卫生的清洗,包括收货仓、货盘、货板或其他设备。

[**程序案例 1**]

名称:初步检查和污染清洗程序

版本 X—日期

概述

运输容器污染能变成产品和/或纸质包装箱交叉污染的来源。当容器抵达,
检查容器以确定交叉污染的可能性是否存在。如果是这样,在容器进行正式清洗
或清理之前,需要进行一次额外的清洗和卫生程序。

注意的材料包括以下部分,但不仅限于这些:

(1) 血液。

(2) 动物组织。

(3) 昆虫。

(4) 毒虫。

(5) 化学物质。

(6) 腐烂产品。

程序:

(1) 打开后门进行气味检查。由一个人对里面的空气进行嗅闻,记录任何导
致容器进行两次清洗的特殊气味。

(2) 进入容器检查地板和容器壁上任何不寻常污染物的痕迹,记录检查
结果。

(3) 如果发现污染源:

① 用干季胺粉处理后门外面坚硬的区域。

② 用热水(规定的温度)冲洗污染的区域,并且用 600~800 ppm 季胺粉
(QUAT)的溶液进行喷洒清洗。

③ 然后用"标准程序"清洗容器。

④ 用 600~800 ppm 季胺粉彻底清洗和喷洒容器后门外面坚硬的区域。

(4) 如果没有发现污染,对容器进行标准清洗程序。

(5) 在"检查前和检查后容器报告"表格中记录所有的信息(见图 6.3)。

检查前后文件记录

日期	时间	容器编号	初步检查结果			检查员	最终检查结果			检查员
			好	气味好/差	污染（原因）		好	重新清洗	ATP 读数	

图 6.3　检查前后容器记录示例

［程序样例 2］

名称：标准容器清洗程序

版本 X—日期

概述

推荐所有运输产品的容器都进行一次彻底的清洗。无论特定的污染物是否被监测，都应该遵循这个程序。该过程包括杂物的冲洗以及地板和容器壁上污染物可能来源的控制。杂物的来源包括，但并不仅限于：

（1）木材。

（2）植物残体。

（3）污垢。

（4）血液。

（5）液体。

（6）捆包材料。

（7）纸箱零件。

（8）标签。

注意：当一个污染被发觉，遵循标准的操作程序。

材料：

（1）高压市级常温自来水。

（2）高压市级自来水加热到 180 °F。

（3）含有 600～800 ppm 季胺（QUAT）的加压喷雾器。

（4）清理容器中的杂物（蓝色/白色）。

（5）ATP 检测试剂盒。

（6）颁发给司机一个表明完成清洗的证书。

过程：

（1）打开后门部分进行气味检查。由一个人对里面的空气进行嗅闻，记录任何导致容器进行两次清洗的特殊气味。

（2）如果没有发觉异味或污染物，进行以下程序。

（3）在卡车的清洗记录中记录卡车/容器信息。

（4）配制 600—800 ppm 的 QUAT 溶液。自来水被放置在一个干净的高压式喷雾器中，检查浓度并记录在"QUAT 浓度监测表格"中。

（5）使用常温自来水清洗容器的墙壁和地板。特别注意要除去地板上所有杂物。

（6）使用城市自来水，经过一个加热单元达到 180 °F 的热水，清洗容器的墙壁和地板。

（7）然后用 600～800 ppm 的 QUAT 溶液喷洒容器的墙壁和地板。

（8）做一次检查，以确保容器的清洁，信息都记录在"最终容器检查表"上。

（9）最后，至少每 3 h 进行 ATP 检测以抽查卫生实践，一个是侧壁；另一个是地板工字梁的顶部。

可以接受的水平是不超过 50 个单位。

（10）所有的信息被记录至"最终容器检查表"上。

（11）如果清洗符合所有标准，那么给驾驶员颁发一个证明一次成功清洗的容器、日期和时间的发票。

[程序样例 3]

名称：喷雾器中的混合季胺（QUAT）和手动浸渍过程

版本 X—日期

概述：

用季胺对容器和工人的靴子和手套进行清洁。正确配置季胺的混合液是非常关键的。

材料：

（1）清洁的喷雾容器和清洁液容器市政供水。

（2）浓缩的 QUAT。

（3）QUAT 试纸。

（4）干净手套。

（5）2 oz[①] 标记清洁液浓缩杯设备的 QUAT 分配器。

（6）QUAT 等级记录表。

（7）护目装置。

步骤：

（1）确定使用干净的容器。

（2）使用干净的手套和护目装置。

（3）使用城市用水灌满容器或手动浸渍到刻度线。

（4）特别注意：不要触碰水管末端喷雾器和清洁液容器的开端。

（5）增加 QUAT。

（6）通过自动系统分配 2 oz。

（7）使用标有"清洁液"的杯子添加合适的量。

（8）摇晃喷雾器以保证恰当混合。你可以使用戴手套的那只手搅拌清洁液。

（9）用试纸检测 QUAT 等级。

（10）如果低于 600 ppm，增加 QUAT，并再次检查。

（11）如果 QUAT 等级过高，清除一些 QUAT 并加入一些水，检查浓度，进行相应的调整。

（12）在 QUAT 等级记录（未附）中记录开始的等级。

[程序样例 4]

名称：员工卫生

---

① 1 oz＝0.028 349 5 kg。

版本 X—日期

在进行涉及容器清洗过程任何阶段之前,所有的员工都要接受培训。在开始操作之前和清洗过程之间认证员工的卫生。

材料:

(1) 洗手的城市用水。

(2) 肥皂。

(3) 一次性纸巾。

(4) 橡胶靴。

(5) 橡胶手套。

(6) 头发和胡须防护套。

(7) 600~800 ppm 的 QUAT 清洁液(每小时用试纸检测;结果记录在"喷雾器/清洁液的季胺等级"表格)

程序:

(1) 在这个过程的所有员工都要接受培训/教育(见员工培训和教育指导)。

(2) 在卡车清洗区域不准吃饭、喝水或吸烟。

(3) 在开始工作之前、使用休息室之后以及休息之后都必须彻底清洗双手。

① 用肥皂擦手至少 20 秒。

② 彻底冲洗双手。

③ 使用一次性纸巾擦干双手。

(4) 使用头发或胡须防护套。

(5) 在进入容器之前,用 QUAT 彻底清洗橡胶靴。

(6) 触碰过任何可能是污染源的容器和其他东西后,用 QUAT 彻底喷洒橡胶靴。

污染来源可能包括,但不仅限于水管用于卫生的设配。

[**程序样例 5**]

名称:扫帚和铁锹的颜色标记及使用指南

版本 X—日期

概述:

扫帚、铁锹和其他器材可能变成污染物的来源。保持用于清理容器内部和外部卫生的器材分开是非常重要的。

通常使用的两种类型器材:扫帚和铁锹。

颜色编码系统：

白色：白色标记的器材专门用于容器的内部清理。

红色：红色标记的器材专门用于容器的外部清理。

材料：

（1）给扫帚安装蓝色/白色手柄和/或刷子。

（2）给扫帚安装红色手柄和/或刷子。

（3）红色/黄色手柄的手套。

（4）600～800 ppm 的 QUAT 喷洒溶液。

（5）保持器材远离地面或水泥垫块。

（6）"设备清洁记录"表

设备清洁过程：

如果扫帚或器材的其他部分用于清洁容器，其必须用 600～800 ppm 的 QUAT 彻底清洗。外部卫生设备器材至少每 2 小时用 QUAT 处理一次。

扫帚和铁锹的清洁应该记录于扫帚和铁锹清洁表上（见图 6.4）

铁锹和扫帚清洗记录

日期	时间	扫帚	铁锹	清洗人员签名

（续表）

日期	时间	扫帚	铁锹	清洗人员签名

图 6.4　铁锹和扫帚清洗记录表

特别注意：如果在扫帚上发现过多的杂物，应该在远离交通的区域使用高压水进行清洗。

[**程序样例 6**]

名称：清洗罐喷雾器

版本 X—日期

压力罐喷雾器用于喷洒容器地板和墙壁。下面的程序将防止容器及喷嘴内侧和外侧细菌的生长。

材料：

（1）白色手柄的板刷。

（2）180 ℉的水。

（3）400 ppm 的氯。

（4）氯测试纸。

（5）一次性纸巾。

过程：

（1）在每天完工时，倾倒喷雾器中剩余溶液。

（2）用 180 ℉的水清洗喷雾器。

（3）打扫喷雾器，加压并使水通过容器至少 10 秒。

（4）喷雾器中灌满自来水。

（5）采用食品级氯，直到游离氯的读数为 300～500 ppm。

（6）放在容器顶部并剧烈摇晃。

（7）喷雾器加压，并使氯水通过它至少 10 秒。

（8）彻底喷洒容器外部并使用一次性纸巾向下擦拭喷臂和喷嘴。

（9）倾倒氯水。

（10）用市政用水清洗。

（11）在图 6.5 上记录清洗（见图 6.5）。

容器喷雾清洗记录

日期	时间	喷雾器数量	清洗人员签名	水中氯的含量

图 6.5　容器喷雾清洗记录示例

[**程序样例 7**]

名称：员工培训项目

版本 X—日期

概述：

参与容器冲洗程序的全体员工必须经过培训，其涵盖人员卫生、安全做法、混合化学品的适当程序、容器检查过程、如何清洗容器和文件处理。下面简单介绍一下培训项目的内容。

图 6.6 是用于记录员工会议、教育或培训活动的一个样表。为了完成该文件，注意日期、时间、地点、目的、领导者和参会者的签名是必需的。

员工会议/教育或培训记录

日期：_____   时间：_____   地点：_____

会议目的：_____

参加会议人员签名：_____

会议名称：_____

出席者签名

(1) _____

(2) _____

(3) _____

(4) _____

(5) _____

(6) _____

图 6.6　培训记录表格示例

关键术语：

交叉污染：

人员、工具、容器周围的区域、飞溅和设备器材可以将病原体从一个区域传播到另一个区域。谨记食品滋生的病原体看不见，但很容易传播，这是很重要的一点。永远记住，交叉污染是一个主要问题。

卫生：

设备和混凝土地板至少每天进行一次卫生处理。像 QUAT 和氯化学物品可以杀死病菌。用肥皂和水将有助于清除手上的细菌。

个人卫生：

正确的洗手过程。

用肥皂洗手 20 秒。

清洗后彻底冲洗双手。

用一次性纸巾擦干双手。

手套和靴子禁止带入洗手间。

频率：

抵达工作地点后。

上过洗手间后。

休息后。

食品策略：

在容器清洗区域不准吃东西、喝水或吸烟。

合适的穿着：

头发和胡子保护套。

干净的橡胶手套。

干净的橡胶靴。

当到达工作地点时，衣服应该是比较干净的。

清洁液包含 QUAT。

经常将手套浸泡在 QUAT 容器中。

当进入容器时，必须用 QUAT 喷洒橡胶靴。

安全做法：

（1）永远戴手套处理浓缩化学物品。

（2）接触混合化学物品时，使用护目装置。

过程指南：

当进入容器时，很重要的一点是不要从容器外面带潜在的污染物进入容器。你必须假定容器外面的水泥地已被污染。

当接触混合化学药品时，使用手套和护目装置，以及仅与该流程相关的用品。当第一次配置 QUAT 溶液以及重新注入容器和清洁液 QUAT 时，记录 QUAT 的浓度。

注意：没有记录的话不能够核实正确使用了 QUAT。

白手柄的器材在容器内部使用，红手柄的器材仅用于容器外部的卫生。这两种不同颜色的设备应该在指定的区域分开放置。

水管可能会不小心接触地面，这一点应该尽量避免。必须保证定期用 QUAT 喷洒水管。记住，当接触水管后，接触水管的双手可能被污染。定期使用清洁液洗手。

在员工会议记录/教育或培训课程表 6.6 上记录所有培训数据。

6.7　S105 唯一的容器标识

标准：所有的容器都有唯一的 ID 号，并且有一个控制这些编号的系统。

要求：容器编号应该遵循公司程序。所有的容器编号必须唯一且恰当地记录，手写或电子记录均可。为了保持容器连续和清晰的识别，系统应对使用中的容器进行检查。

用于短途或长途运输食品的所有容器应该有一个唯一编号或其他标记或标签。包括收货仓、货盘、桶、卡车拖车、运输容器、托盘或任何其他处理食品的设备。

在其他章节中，探索了 RFID 或其他类型标签的使用。这些标签很容易附在容器边上或嵌在容器中。通常，条形码标签容易在清洗和卫生周期期间毁坏，因此条形码在要求卫生的大多数环境条件下不能使用。

建议使用电子可读标签，因为标签已无须人工的方式进行读取，并能加快容器的清洗速度。

独一无二的容器识别编号为记录卫生、可追溯性和温度控制提供了基础。在多通道领域（船运集装箱），ISO6346[32]建立了一个由四部分组成的代码，其中包括一个拥有者代码、类别标识、一个唯一的序列号和一个校验码。拥有者代码要求三个大写字母表明容器的所有者。大写字母"U"用于识别货物容器和字母"R"用于识别冷藏箱。所有者具有为其分配一个 6 位序列号的责任，此序列号可以在所有者数据库中识别该容器。所建立的独特的编码方案的标准是由国际容器局（BIC）维持的。

6.8　S106 记录保持

标准：每个容器都有一个文件，并且每个容器都在这个文件上维持记录。

要求：每一容器必须有一个唯一的编号，且编号必须可以连接到可追溯性、卫生和温度控制记录。记录保持的追踪应该清晰。记录应该具有电子恢复性。应该对使用的容器进行物理检查并与文件上的记录校对。

在很多情况下，容器制造商、制造年份、制造的规格、负载量、工艺、建造地点、制造材料、ISO 和国际航空运输协会（IATA）和其他用于建造或容器使用的标准都会成为容器记录的一部分。

在一些情况下,尤其是在欧洲或运输至欧洲的运输商,可能会要求关于"道路吊车和制造商 ATP 指南[33]"的信息和证书。该指南列出了对运送食物的大型容器、拖车等的具体构造和测试要求,并在一些国家之间达成了协议(注:该"ATP 指南"与后期卫生污染监测三磷酸腺苷的程序要求不同)。

该指南列出了协议的细节,有关内容如下:

(1) 根据 ATP 协议列出运载的食物,并且设置货物可容许的最高温度。

(2) 规定如道路车辆、铁路货车及(少于 150 千米海运)海运容器等运输工具温度控制的共同标准。

(3) 设置测试这种设备以确保它们符合规定的标准。

(4) 为符合标准的设备提供认证系统。

(5) 要求所有缔约方识别依据其他缔约方的主管部门协议颁发的证书。

该协议旨在建立在运输过程中保护易腐食物的标准。截至目前,已经有超过 35 个国家签署该协议。新设计和建造的容器正在进行标准测试,并且给那些产品通过所有标准测试的公司颁发证书。

其他记录也可能包括锁的检查和记录、容器密封条情况、容器壁上裂缝和孔洞的检查情况、排水、冷藏操作、冷藏风道以及冷藏或容器管道的维护状态。冷藏温度监测的校准也可能被记录下来。

对于一个小型容器来说,它被用于从一个工作点运输食品至另一作业点或运输食品至一个容器被很快退回至货主的交货地点,标签读取系统可能会依附于容器清洗系统,在无人参与下,电脑数据库会自动读取和存储数据。

6.9　S107 容器 2 年卫生记录保持

标准:每一容器记录至少包含 2 年的容器清洗、卫生、测试和查测数据。

要求:对已经使用了超过 2 年的卫生系统,其记录应该在 2 年内可用。自系统计划规划建成之日起,应该对容器数据进行维护,该系统计划是为如标准 S101(预防计划)的建立的维护而建立。记录归档系统(纸质或电子版)应该由内部审核小组或外部审核员进行检查以确保符合记录维持要求。

这样的记录最有可能由容器所有者保持。通过独立操作维护的容器,如卡车清洗设备,一般为运输者持有,其运输控制责任包括视频运输管理的所有方面、HACCP、卫生、可追溯性和培训。独立的维护操作可能变成一独立的设施认证卫生和可追溯性,但整体管理、HACCP 计划和实施以及完成系统实施是容器拥有者的责任。

6.10　S108 容器审查记录

标准：每一容器记录显示容器卫生检查的最后日期。

要求：独一无二的容器记录和容器应该包括为容器记录的检查信息。检查记录应该表明清洗之前和之后最后的检查日期和结果，以及检查失败要求的重新清洗或重新检查结果。

对正在使用中的容器，内部审核成员和外部审核员应该检查其审查记录。对程序和审查记录，内部审核成员和外部审核员应该检查功能容器以确保遵循了要求的程序；容器被检查过，而且进行了正确的清洁操作。

在一些情况下，卫生设备将保持关于审查过程的记录，比如清洗后通过或未通过审查的容器比例。这些数据将支持他们自身进行正常的过程和质量控制监督和纠正或预防措施。过程控制图是重要的文件，其为审核员提供关于系统管理和 HACCP 计划实施的相关信息。当努力实施预防计划时，结果的趋势和通过/未通过趋势解析的控制特点被用于建立改善目标。显示过去容器审查失败率，或通过率起伏很大的一张表基本上是一个失控程序的记录。一个失控程序意味着程序的设计或检测不合理、不正确维护或可能在运行过程中，不同的人实施不当的书面程序。所有可能的问题都可能成为通过因果分析探索和通过由内部小组实施活动进行纠正的潜在原因。

6.11　S109 清洗前后审查记录保持

标准：每一容器记录至少显示 2 年容器清洗前后的卫生审查数据。

要求：对于已经使用超过 2 年的卫生系统，记录应该至少包括自该系统实施之日起这期间的审查信息或至少 2 年的审查信息，当然 2 年是最短的时间。必须收集清洗前后的审查数据、并记录在相同的表格中，或输入到为清洗前后数据建立的数据库。在进行外部审核行动之前，内部审核小组应该审核这些数据以及附有的记录以确保记录的完整性。

通过建立预防程序，并非所有的容器都要求审查前后的记录。这就意味着，对于大容量容器卫生，就如对小容器(收获仓、货板、托盘等)要求的一样，审查和程序的核实可能通过抽样来完成。审查记录可能采用程序控制通过/未通过表的形式,通过/未通过表显示审查的比例和程序中发现缺陷的类型。这样的情况下,通过正常统计过程控制分析程序建立的失控条件被用于确定清洗程序是否处于失控状态。

通过统计程序控制(SPC)显示的失控条件一般意味着必须采取正确的手段以阻止和控制已经经过这个程序和可能被使用的任何容器。必须建立和遵循材料审查委员会有关处置、使用或容器重新清洗决定的程序。

审查记录应该包括审查前、清洗和审查后的时间和日期、容器身份信息以及由于管理小组做出的任何处理信息。

6.12　S110 纠偏措施

标准:这里有一个纠正措施记录,其显示未通过审查,容器重新清洗和卫生状况的信息。

要求:纠正措施记录应该包括每个容器。数据可以电子或手动记录。未通过审查的容器必须显示失败、可能原因和采取纠正措施的记录历史。为了确定重复或系统程序的缺点,作为 HACCP 计划和实施安排的组成部分,建立的纠正措施文件应该通过内部和外部审核员进行追踪。

一般来说,距上次纠正已经超过 1 年的卫生程序应该被视为失控的程序。反复的进行纠正是缺少预防程序操作和实践内部问题的能力。在这种情况下,预防措施小组需要开始追踪趋势、分析反复出现污染的类型、提供因果分析,以及建立一个永远消除来自卫生程序系统原因的迭代计划。

6.13　S111 容器检测和重测(ATP)

标准:这里有纠正措施记录,其显示了未通过 ATP 检测的容器重新清洗或重新卫生处理和重新检测的记录。

要求:作为公司纠正措施计划的一部分,要求未通过 ATP 或其他污染物监测的容器进行重新清洗或卫生处理和重新检测。HACCP 计划应指明可接受最高检测污染水平。

这里标注的容器检测和重新检测规定 ATP 检测作为一个最低要求。其他细菌、化学或掺假检测可能会根据运输者 HACCP 计划和监测程序指定和使用。

检测数据通常就是如此,ATP 检测数据可被用作一个过程控制的决定因素。

清洗后 ATP 检测读数可以使用 SPC 图表作为 HACCP 要求的监控程序进行标绘。SPC 图表可以在过程质量专家开发技术规格内确定过程的平均值和控制表的上下限。

在这样的过程中,SPC 的使用是质量控制和食品安全要求组合如何被应用于关键食品运输过程的基本示例。

6.14 S112 容器 ATP 检测数据

标准:可以用 ATP 检测数据表。

要求:内部或外部审核员必须确认每一容器或涉及为清洗和卫生程序控制需要而建立的抽样计划中的容器必须存在记载 ATP 检测结果的记录和归档系统。

用于食品运输的所有封闭容器都必须使用 ATP 试纸作为最低水平检测。随机筛选和检查检测数据以确保检测了所有容器和记录 ATP 检测结果。审核员应该检查容器审查和检测记录,以确保归档和控制记录的系统遵循了管理和文件控制程序。

6.15 S113 记录水源

标准:存在核实所有清洗或冲刷水源的记录。

要求:要求公司建立并维护一个用于清洗所有运输食品容器内部的水质记录归档系统。审核员应该核查容器审查和测试记录以确保遵循了归档和控制这些记录的系统。关于水源的文件,必须显示用水的具体水源,并且核实水源防回流装置的可能位置、存在性、证书、测试和功能。

6.16 S114 清洗用水检测

标准:每年一次或更频繁以城市用水为标准的清洗用水测试。

要求:用于清洗或冲刷容器的水应该每年检测一次。每年清洗用水检测结果应该记录和保存于用于维护其他容器卫生记录的归档系统中。内部和外部审核必须确保用于清洗食品运输容器的用水每年由一个独立的实验室进行检测。如果没有以城市用水作为容器清洗用水的主要水源,那么用水必须至少每月检测一次,并且应该审查记录以决定检测频率。对于实验室监测结果显示一直是饮用水的结果,其必须被作为记录——保持系统的一部分进行维护,且内部和外部审核员都可以获得这些记录。

6.17　S115 清洗用水的质量

标准:清洗和冲刷用水必须符合城市用水标准。

要求:应该保存清洗和冲刷用水以及符合城市用水标准的环境记录。这也可能要求审核员记录和核实城市用水标准。清洗和冲刷用水必须根据运营公司内部程序建立的时间表(每周、每月等等)进行检测,且必须符合当地饮用水供应商公布的最低标准。

世界卫生组织(WHO)为饮用水质量[34]提供了指导并且概述了可操作监测、管理计划和文档、核实、微生物和化学限制以及关于政策、确定先后次序和标准设定的信息。

6.18　S116 清洗用水的温度

标准:由独立于喷雾器附件的测量设备核实清洗和冲刷以及高压用水温度的记录。

要求:审核员应该检查文档,通过独立于喷雾器的测量设备核实清洗和冲刷以及高压用水温度。这就要求该设备独立于喷雾机附件。这些独立的数据必须记录和维护在系统文件中。

运输不同产品的用水温度要根据 HACCP 计划具体的要求进行相应的调整。例如,装在托盘上冷冻鱼盒装产品的装运要求不同的清洗程序。每一产品可能的变质要求 HACCP 计划明确潜在风险和计划相应的预防措施。

要求不同的程序,且不同的内部审核标准将应用于这种变化。不同装运的程序需要通过程序控制定义、检测、分析和调整进行开发,直到程序控制确保所用温度或消毒剂有效。这样的过程和程序开发可能需要几个周期以允许内部小组达到满意的过程控制水平。当用于溶解固体食品、乳化脂肪的碱、复合磷酸盐、表面活性剂、螯合剂在金属表面上提供杀菌作用或防止腐蚀时,可能会应用不同的清洗温度和喷洒方法。

6.19 S117 害虫的证据

标准：容器内无害虫存在证据。

自动失败项：对容器清洗或消毒后，害虫包括残留物、害虫组织或活着害虫的证据是自动审核失败的一个原因。

要求：在运输食品之前，容器审查应该显示无害虫证明。害虫的感染和害虫的任何证据必须通过清洗和消毒除去。审核员应该检查审查记录和核实任何容器内是否有害虫残留、活着或已死的害虫。如果在持有或运输人消费食品的容器内发现证据，那么这是一个自动失败的标准。

在设备审核中，使用陷阱和其他控制来消除害虫并使它们远离设备。从一个地点运送食品至另一个地点的容器若有害虫，则意味着食品很可能已经与害虫或害虫残留接触了。害虫残留是必须避免的一个基本的掺杂物。

用于食品运输的容器，不管其大小或位置，都应该被观察和审查其中害虫存留。因为鸟或其他动物粪便很可能出现于存储在田野中的收获仓里面，这些容器在使用前必须彻底清洗。蚂蚁、蟑螂、蝇、蚋、小鼠和大鼠，以及蜘蛛都可能在运输食品的容器中被发现。

希望企业开发、发布和实施审查，清洗以及维持程序来消除和控制这些害虫和它们的残留物。希望害虫检测程序和实施变成公司正常检测系统的一部分。这样的程序可能包括可视化表面审查，包括容器或拖车地板、墙壁和箱顶。内部结构审查应该遵循容器的平面图，其显示正常的门、门封、角落和可能潜伏害虫的其他区域。

企业可以定义具体审查的要求并为分配到监测项目的个人提供培训。

就如本书其他部分讨论的一样，根据 HACCP 计划和通过测量、分析和原因预防，应该建立能清理和消除可以污染装载食物容器害虫的方案。控制被发现害虫污染食品运输容器的清洗和消除害虫计划。

6.20 S118 温度测量设备的校准

标准：记录显示温度测量设备按照制造商的建议进行校准。

要求：检查清洗、冲刷和高压水温设备应该进行适当的校准，且校准数据记录和标签应该比较明显并正确地连接到设备。审核员应审查温度测量设备以确保它们按照厂家推荐的维护要求进行当前的校准。厂家校准说明书应与校准记录一同提交和审查。

校准实验室经常按照合同规定提供独立校准服务。对校准实验室进行调查，以他们认证状态建立的文件应该归档。审核员可以审查所有的校准记录，且每一记录应该包含一个具体编号或其他身份信息，其对应设备的记录、标签和组成部分。审核员应该检查记录、标签和设备作为整体检查过程的一部分。不要求审核员检查所有的设备，但是应该筛选和检查一个有代表性的样本以决定设备是否是按照制造商要求进行维护和校准的。

6.21　S119 仅用于运输食品的容器

标准：有证据表明容器仅用于食品的运输。

自动失败项：容器不仅仅用于食品运输。

要求：用于运输食品的容器不能被用于运输其他材料。审核员必须审查独立的容器身份记录以确保食品运输的容器没有被用于运输其他材料。不按要求使用容器的做法会造成容器以及食品的交叉污染和掺杂。

2008—2009 年，美国和英国做了一个单一运输容器的研究。在超过 421 天时间内，容器行进了 51 654 mile（船运 47 076 km、火车运输 3 229 km、公路运输 1 329 km）。容器运载有威士忌、猫粮、体重计、衣架以及健康和美容用品。在这个非冷藏容器内运载的食品多样性是在一个单一容器运输食品复杂性的一个实例。

因为很多国际集装箱属于转运公司，以及被租赁用于产品运输，并没有对容器装载材料进行控制。控制的缺乏在移动产品的卡车拖车和其他车辆也很明显。运输可能会因为容器卫生缺陷而遭受掺杂变质，食品公司将需要考虑新的商业模式。

现在已有一些追踪容器的公司，其一开始是作为物流供给商的一种服务。很多容器追踪公司的目的是提供一个 24/7 基础车辆或容器的实时信息。这样的追踪是响应物流公司尤其是食品运输者与日俱增的要求以了解他们货物的位置，以便在长途运输的末端提供快速和交付服务。

更先进的系统提供实时环境监控，包括内部温度、货板水平温度、容器上锁状态和关于容器条件和装载物品的其他信息。

第7章 运输途中的可追溯性标准

2007 年,国际标准化组织(ISO)公布了第 22005 号国际标准(ISO 22005):"有关饲料和食物链的可追溯性——系统设计和实施的一般原则和基本要求[35]。"这些国际标准要求的可追溯性系统,可以帮助寻找不合格的原因,以及提供物料核定机构的标准(MRB)来管理牲畜,并且可用于管理那些已经被掺入次级品的、对人们的健康和生命有潜在危害的食品。第 22005 号国际标准 4.3 节:2007(E)列出了以下目标:

(1) 用于帮助实现食品安全和/或食品质量目标。

(2) 用于满足客户具体要求。

(3) 用于确定产品的来源历史。

(4) 为了便于撤回和/或召回产品。

(5) 用于确认在饲料供给链和食物链中负责的组织。

(6) 为了易于核实产品的具体信息。

(7) 为了将信息传达给相关股东和客户。

(8) 依据实际情况,践行任何地方、区域、国家或国际的法规或政策。

(9) 为了提高组织的效率、生产力和盈利能力。

2013 年,美国食品及药物管理局(FDA)发布了一份美国食品科技学会(IFT)的报告,名为"旨在提高食品供应系统中的产品追溯性的试点项目"[36]。IFT 已经完成了有关可追溯性系统的初步审查,并且集体承包了建立和评估一些试点可追溯性的项目,为食品安全现代化法案中可追属性条例的发布做准备。在其试点项目的最终报告中列出了以下一系列建议:

(1) 从总体来看,美国食品科技学会建议美国食品及药物管理局为那些食品及药物管理局管理的食品建立一套统一的记录要求,并且不允许基于风险等级而在记录要求方面有所豁免。

(2) 美国食品及药物管理局应该要求负责制造、加工、包装、运输、分发、接收、储存,或进口食品的公司确定和保持食品及药物管理局规定的关键跟踪事件

(CTEs)和关键数据元素(KDEs)记录。

（3）应当要求食品供应链的每个成员都建立、记录、运用一套产品追溯计划。

（4）美国食品及药物管理局应当鼓励当前产业带动首创精神，并应该发起一项提议章程的预先通知，或使用其他类似的机制寻求股东投资。

（5）美国食品及药物管理局应该清楚地、更持续地向企业表达和交流进行产品跟踪调查所需要的信息。

（6）在产品追溯调查期间，美国食品及药物管理局应该为 CETs 和 KDEs 的报告和获取开发标准化的电子机制。

（7）美国食品及药物管理局应该接受通过标准化的报告机制提交的 CET 和 KDE 数据总结，并要基于这些数据开展调查。

（8）如果可得，美国食品及药物管理局应该要求多个等级的追踪数据。

（9）美国食品及药物管理局应该考虑采用一种技术平台，实现提交数据的有效聚集和分析，以此回应监管人员的要求。这一技术平台应该能够访问其他监管实体。

（10）美国食品及药物管理局应该调整回溯调查，开发国家及地方卫生和监管机构之间的响应协议，使用现有的调试和资格审查流程。此外，在产品追溯调查中，食品及药物管理局应该规范对产业专家的使用。

在该报告中，美国食品科技学会多处用到缩写，包括关键跟踪事件和关键数据元素。尽管不胜枚举，关键跟踪事件包括了交通运输、运输接收，转换输入，转换输出，损耗（消费）和消耗（处理）。关键数据元素包括公司提交的信息、日期/时间、位置、贸易伙伴，条款，份额/批次/序列号，数量和计量单位。这些关键数据元素与采购订单、提单、工作订单、承运人识别和拖车数量等被进一步联系起来。

美国食品科技学会要求在食品的运输过程中，要使用电子跟踪和监控，以及参照 ISO 第 22005 号标准，在运输过程中搬运食物的容器的可追溯性要建立相关的标准。

在食品安全链中，运输过程被认为是当下最可能发生交叉污染的环节之一。当承载食物的容器在承载了一定数量的货物之后没有对其内部进行合理的清洗和消毒，或是运载的货物中有潜在的污染源，又或是食物没有在适当的温度下进行运输，这些都会导致变质和交叉污染的情况出现。对于一些国家的卫生检查机构来说，当下检查的首要目标就是容器、卡车、拖车、容器和其他食品运输设备是否温度过高以及是否有污染物。

当前的问题是，现在还没有已经建立的可靠的可追溯性标准。在这种情况下,ISO第22005号标准极有可能成为美国食品及药物管理局等组织具体数据调出的基础。

7.1　可追溯性系统的注意事项

在建立一个以在运输过程中保障食品安全为目标的可追溯性系统时,以下注意事项必须被考虑在内。

(1) 可追溯性可以被应用到多个等级中。容器、托板、箱子及货物等级需要不同的技术应用。

在许多情况下,容器要被运送的距离必须考虑在内(比如,短程是在一个配送中心或是一个农场中搬运容器,远程是把容器从农场运送到几百千米甚至几千千米之外的零售批发商场)。若是短程运输,容器追踪极其简单,只需把一个低成本的射频识别标签插入箱子里,清洗完毕后只需读取这一标签就可以获取有关记录。长途运输过程比较复杂,在很大程度上依赖于是否有温度监测、GPS、地图定位、与下一个环节的负责人和操作人员的配合,需要的警报数据库和整合的企业级别报告。

需要确认公司所遵循的运输流程。流程图可以用来显示起源地,维护站,目的地。食品安全和质量的计划可以被用来建立关键控制点和其他危害分析和关键环节控制点所需要的元素。这一过程之后将用于决定可追溯性的哪一个等级最适合用来建立和维持过程控制。

如果一家公司主要是参与使用海运容器运输食物,为了保证对于长途运输的监控,就会在容器的追踪中使用GPS和温度/湿度监控设备;或者通过多种分配渠道来跟踪和监控货板,货板可能装有无线射频识别跟踪和温度监测标签。

那些容易腐烂的货物的可追溯性或许不是必需的。在一些国家的畜牧业方面,市场上销售的牛肉是可以追溯到其产地的。对于农产品而言,原产地标记法往往要求在每一产品上使用贴纸表明原产地。

(2) 有不同的需求需要加以解决:对过程的监控保证了容器追踪。

在某些情况下,一旦运输过程处于某种控制之下,只需抽取部分监控信息作为样本信息来确保这一过程确实处于监控中。当某个进程确定失控时,需要更为透彻和合理的报告来准确指出哪里出了问题,并且要制订预防计划。为了确定过程控制故障的负责人,实时GPS、温度、湿度、干预和其他测量及监控是必需的。一旦修复完成且过程控制得到保证,那么公司就可以恢复到只用部分追踪装置来进行样品的监控。

（3）相关技术手段，如无线射频识别、无线电频率、条形码、数据记录器、GPS跟踪以及商标需要进行反复检查。

有许多技术手段能够提供买家、消费者、法律权威和其他不同级别方面的信息。仅仅是一盒贴着标签的西红柿，上面的农场的信息就能够满足消费者甚至是法律的要求，但是不包含监控召回的相关文件和物料核定机构的校核工作。当需要召回时，这个简单的盒子标签上就会要求更为全面的、非必需的，整个产物的召回。从次品中区分出优品的相关数据将不复存在，整个过程将会受到威胁。箱子上的条形码代表一个较旧的但是很有用的解决方案。一旦创造出一个合适的条形码，相关数据便会被录入到可追溯性数据库中，这个数据库提供了一个低成本的容器可追溯性系统。读取条形码上的数据可以得到生产商或制造商，追踪的日期和时间，以及产品名称的信息。

数据记录器发明至今已经有很长一段时间，现在已被广泛使用。虽然它们不提供 GPS 信息，但是当数据被下载并传播时，数据记录器就会提供表明任何失控状况的趋势。一般来说，数据记录器被安装到容器中的货物中或者是卡车上，是为了获取温度峰值。一般是在抽样的基础上，运用数据记录器来判断监控过程的需要。

射频技术是该领域的新兴技术，但其发展异常迅猛，这是因为给系统安装射频很容易且耗时短，而且几乎不需要此方面的技术专长人员。大多数射频系统是永久性的，一经安装，便不再需要投入人力资源或管理。它们还可以收集移动数据，比如说加工、分配和目的地位置的信息，这一功能使它们成为端对端监控的理想选择。射频系统通常能为移动电话或电子邮件提供警报，并且其使用年限极长，因为它的组成部分可以更换或者使用充电电池。

在跟踪过程中，GPS 追踪器还为温度监控提供了最重要的方面之一：定位。伴随着现实世界的地图和用户的在线访问，能够准确地获知哪里出了问题，以及达到的精确温度、发生故障的日期和时间。令人遗憾的是，尽管现在市场上有少部分非常昂贵的模型具备温度监控功能，但普遍来说，一般的 GPS 设备不具备温度监控的功能。想要研发和制造出定价低于 50 美元且具备这一功能的设备，当前的技术还没有达到这一水准。在技术突破方面，即贴即送式标签成本最低。虽然便宜，但是这种便签一般无法提供有关行程、时间、温度、湿度以及其他相关的管理信息。

（4）以下成本需被考虑在内：硬件，软件，安装，集成和维护，以及纸质版和电子版各自的性价比。

伴随着复杂程度和信息详细程度的提高,相应的成本也会增加。标签的用途是最广泛的,但其成本却在成本总额中比例最少,这样的成本并不足以满足食品运输安全需求以及客户或法律的要求。成本比例中的另一个极端,能充电,能够提供实时位置导航、温度、湿度和其他监控信息的 GPS 设备,每台设备的成本为 500 美元左右。

能收集和追踪温度和湿度信息且配有电池的无线射频识别标签成本约为 30 美元~50美元(数量越多,成本越低),但是这种标签可多次使用,这样可以为每一次的追踪节省 1 美元左右的成本。然而,无线射频识别需要读取器、技术援助、软件、集成和安装,安装硬件或手持读取器,当这些成本增加以后,一个永久的 RFID 系统可能会花掉一个小经销商数万美元。但其优势在于,在正确安装之后,几乎不需要任何人工参与,而且这一系统可能会被绑定到内部库存的追踪和报告中,进而有助于减少收缩,改善货架和提高配送能力。

自从在莎草纸上记录开始,纸质系统就逐渐兴起了。而纸质版可追溯性的记录和维护可能更适合小型业务,相关的人力成本远远超过其他追踪和跟踪手段的安装费用。新兴技术层出不穷地出现在市场上,随着新需求的出现,相关的技术企业马不停蹄地进行研发、申请专利和提出新的方案。开发无芯片的无线射频识别已有一段时间,其中包括对标签油墨的开发,将会取消芯片和天线的使用。它带来的好处是大大降低了每个标签的成本,很好地解决了容器追踪的问题,但是美中不足的是,无法实现温度的监测。

另一方面,化学迁移标记以较低的成本,使用科技来监督货物,当温度超过上限时,化学标签就会转换到条形码标签。标签可以用手机应用程序读取,大大降低了 RFID 阅读器和天线的成本,以及它们的安装和维护成本。缺点是标签的用途比较单一,它们适用于运输过程控制需要而不适于全天的跟踪和报告。

在任何考虑中的可追溯性系统中,除了预算之外,对利润率的研究也要趋于完善。

(5) 要明确温度、湿度和其他实时监控数据所需要的细节。

评估各种类型的可追溯性系统,第一个问题是公司需要的数据类型,但这要取决于前景尚不清晰的食品运输的相关要求。解决方案是与客户、供应商和其他参与者工作,为了建立和达成整体流程的需求,以及每个实体怎样共享数据的可见性和应用。简单的可追溯性标签或许是个迅速便捷的解决方案,但是未来要求的详细数据似乎表明了这样一种需求,那就是这个流程是如何被监控的,以及通过审查系统的纠正措施和预防分析来迅速回应任何召回威胁。简而言之,虽然纸质或其他低成本的解决方案可能会使一个公司满足法律要求,但是产生的长期影响却可能是装运停工,或者更严重的结果是长期或永久关闭。

前面的章节包含了这样的理论,那就是当采用越来越多复杂的可追溯性和监控措施时,运输成本可能会因为潜在收益和其他手段而减少。其中要减少此类风险,包括不知道(或不能证明)有什么错误,不知何时何地有错误,以及不能提前预测并降低此类风险。

保险公司应该用较低的运输保险成本来努力减少货物损失的风险和回报。在饭店行业,保险公司为这些只从有安全认证的农场采购的公司迅速减少政策成本。运输部门也可以享受同样的政策。

(6)系统耐久性、保护和校准。在很大程度上,无论安装了什么追踪和跟踪系统,都要满足耐用的条件。容器必须消毒,并根据卫生要求,可能需要含某种化学物质的高压热水。安装的任何设备都需要好好保护,并且能够耐受消毒操作。

任何可跟踪性解决方案,包括温度、湿度、盗用或其他监测传感器需要适当调整。供应商应被要求提供显示如何执行校准的文档。

7.2 容器的可追溯性标准

基于第 22005 号 ISO 可追溯性标准,图 7.1 列出了有关这一标准的讨论和阐述。容器可追溯性系统需求包括 19 个现行标准,包括基本 ISO 建议的扩展。在运输过程中处理容器时,需要提出新问题,比如篡改、事故控制和货板的可追溯性。食品安全运输计划、过程监控、记录维护、审计和其他需求或许可以融合到公司的整体食品可追溯性计划中。

特别的容器必须遵循公司制订的可追溯性计划,必须发展相关程序,并且员工必须经过培训来实施和遵守条例。条例和实施必须通过记录审核、内部审核和管理评审来进行管理和监控。纠正措施是必需的,尤其是在召回事件中或者包括盛放食物的容器的事故中。容器可追溯性也认识到货板跟踪系统的必要性,当生产商和供应商不充分保护食品而掺假或变质时,使承运人避免承担任何可能出现的债务。

T	集装性可追溯性
参考	系统构成
T101	一个容器可追溯系统已经被明确定义并处于适当的位置
T102	可追溯性方案
T103	程序
T104	责任
T105	训练方案
T106	能力
T107	监控
T108	记录
T109	执行
T110	内部审查
T111	管理审查
T112	纠正措施
T113	制定召回程序
T114	测试召回系统
T115	托盘可追溯性
T116	容器的改动
T117	建立容器事故控制程序
T118	建立容器事故控制记录
T119	记录保持

图 7.1　容器可追溯标准

7.2.1　T101 系统

标准：一个容器可追溯系统已经被明确定义并处于适当的位置。

要求：在公司食品安全手册和公司的程序中要有明确的可追溯系统记录。

这个系统将备有证明文件。审计和内部审计团队将审查文件，包括为公司员工提供操作程序和工作指示的可追溯性手册。

虽然许多相关机构和认证审核目前并不重视与建立坚实的可追溯系统有关的标准，但是运输行业不能遵循这样宽松的（容易通过）的标准。

在任何食品安全系统中，都要计划、建立 T101 系统，并把它当作关键的组成部分来进行管理。建立和维护容器可追溯性的系统方法需要剩下的可追溯性标准，这样做的目的是在实施 ISO22005 号标准和其他国际标准时，提供一个更为严格的方法来为全面记录保持和其他确定建立的要求做准备。

7.2.2　T102 计划

标准：存在一个可追溯性计划。

要求：每个组织应当建立一个可追溯性方案来作为广泛管理系统的一部分。可追溯性计划，包括负责人员，目的和目标，测量能力和评估策略，应包括所有的标识要求。

审计人员会审查计划，以确保它的实现并确认其是否已被纳入公司的整体管理系统。

计划应该包括程序、培训、监控那些倾向于系统的能力，记录、性能检查、系统审计、管理审查和纠正措施的需求，应当建立召回和事故程序。在需要时，应该包含对货板的监测。除了在食品运输过程中用来跟踪和追踪容器的数据外，其他的记录也要保持。

管理过程中需要签字，要给计划标注日期，任何更改或更新也要做好记录。

7.2.3　T103 程序

标准：存在实现和维护可追溯系统的程序。

要求：公司要开发、更新、删除或保持可追溯系统相关的所有程序和工作指示。外部审计和内部审计团队负责审查程序并比较在日常实践中建立了的容器可追溯性程序。程序和工作指示应该遵循公司相关文件控制标准，适当存档，在培训期间或培训结束后向所有员工公布。

7.2.4　样本程序

本节中包含的样本程序，仅供参考。建议食品运输公司开发、采用或改变程序来适应自己的环境。有许多悬而未决的问题，比如对于容器的追踪能力来说，什么是适当的或必需的。建议寻求有能力的人员或公司的帮助来明确公司的运输流程，并帮助发展一个用于任何系统实施的工作范围。帮助选择硬件、软件、标签和其他需求的做法称为"集成"，拜访一个食品安全协会或在网上搜索调查对于选择一个有能力的系统集成商有很大帮助。

容器可追溯系统的实现要求至少分配一个人来领导整个项目。系统安装的早期阶段通常会消耗大量的个人时间，但这个关键人物是联系公司和系统集成商及安装人员的一个重要的连接点。

　　图7.2是一个用来说明安装可追溯系统简单过程的普通流程。一旦确定了系统类型,就要对卡车或容器进行初步检验,以确保所选择的硬件可以安装。一旦安装完毕,系统就会被激活并进行测试。必须要对公司内部人员和司机进行培训,公司或外部审计师可以证明系统已经安装完毕并能实现预想的功能。

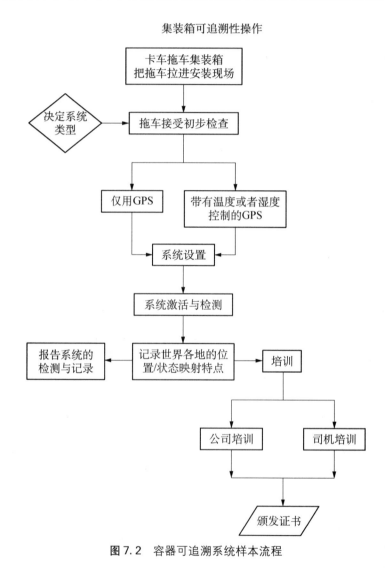

图7.2　容器可追溯系统样本流程

　　下面的示例是对一系列从简单到复杂,从低成本到高昂费用的电子容器跟踪选项的安装和操作的快速回顾。条形码选项被排除在外是因为大部分条形码标签都无法承受在卫生周期内的环境恶化。

1. 样本程序 1

标题：容器可追溯选项的评估。

概述：

目前有几百种来自不同国家的容器可追溯选项的不同组合。一家公司首先会面对的问题是要找到一个合理的价格来提供最好的覆盖率和最有效的保护。

这个过程包括电子容器跟踪选项。这些过程包括对一系列从简单到复杂和从低成本到高昂费用的电子容器跟踪选项的安装和操作的快速回顾。

条形码选项被排除在外是因为大部分条形码标签都无法承受恶劣的环境。

选项 1　只有 GPS

食品运输可追溯性程序手册列出的所有选项都会使用 GPS 来作为提供货物实时可见的基础。GPS 系统通常可用以相当低的价格（每辆车 100 美元以下）购得，但如果增加一些选项如相机、紧急呼叫功能、燃料消耗、速度跟踪和停止功能时，价格就会有所提高。大多数 GPS 系统收集从卫星传回的经度和纬度数据，并通过通信系统（GSM—全球移动通信系统）来传递用户建立区间的位置。

图 7.3　未安装的 GPS 系统

GPS 系统通常需要被安装在特定的安装中心，这可能会增加每辆运输车的成本。仅安装 GPS 的系统无法提供容器或容器负载的环境测量，但当与其他技术相结合的时候就会形成更完整的系统。图 7.3 是未安装的 GPS 系统。

选项 2　射频识别系统

RFID（射频识别系统）的使用在跟踪和追踪界中变得越来越普遍。一般来说，被称为"阅读器"的装置是用来为传输无线电波的天线提供动力的。阅读器和天线被安置在产品必须经过的大门、瓶颈等地点。当无线电波击中 RFID 标签时，相关技术会使标签做出回应并发送某些存储信息（如托运人的名称、产品、标识符）给阅读器，阅读器再将这些信息发送给中央计算机，中央计算机中对这些信息进行审核、分析、跟踪和追溯等。

RFID 系统可能"被动"（标签会在需要的时候发送，但是不会收集数据），可能"主动"（有电池的标签会不停地发送数据，比如温度、湿度等等），或是"电池驱

图7.4 手持 RFID 阅读器和安有电
池的 RFID 温度标签

动的主动"(安有电池的标签可以只在特定的时间来收集温度、湿度和其他相关信息,以此来延长电池的寿命;见图 7.4)。

其他选项也是可用的。随着技术的进步,RFID 系统成本不断下降,但与 GPS 相结合,增加一些功能时成本也会有所增加。

选项 3　安有 GPS 的 RFID

当 RFID 和 GPS 封装为一个统一的单元时,用户区间内就会收集到容器标识、位置、温度、湿度和其他选定的数据,并通过 GSM 或卫星发送到正在等待的服务器。其中一些系统易于安装(见图 7.5),并根据每个月的服务来收费(类似于手机合同)。还有一种情况是,系统可以一次性购买,从而进行完全的内部管理,这样就可以消除每个月的费用。除了设备的成本,必须考虑到所有月度成本,标签成本(和标签替换)和内部操作的成本。一般来说,一旦安装完毕,RFID/GPS 系统就可以为容器可追溯性提供一个极为强大的基础。

图 7.5　各式 RFID 壁挂式 GPS 阅读器单元

选项 4　装有 GPS 和实时映射的 RFID

现在大多数可用的系统中,通过系统收集和传递的容器标识、位置和条件(温度、湿度等)这些数据会在互联网账户上终结,公司可以在互联网账户的世界地图上看到容器的位置(见图 7.6),只要把鼠标指针移动到特定的容器上去,就可以得到随时想要的经度、纬度、温度、速度、湿度等数据。这个是 24/7 可追溯性,能很好地保证公司识别并纠正或预防不希望发生的掺假,超过保质期和召回事件。当发生失控时,可以对它们进行设置来发送电子邮件或手机警告。

图 7.6　容器指示图

选项 5　ILC

身份、位置和环境(ILC)设备是独立的设备,可以被放置在一个容器或托盘中。它们收集用户定义的数据(温度、湿度、倾斜度、速度、高度)以及 GPS 信息。它们有能力在容器内部操作和通过卡车或容器的墙壁来传输数据,当离岸超过 3 mile时(如果用于越洋跟踪),它们通常会使用 GSM 技术和遥不可及的手机传输。它们是价格高昂,可充电,可多次使用(多年),可恢复出厂设置。他们还允许用户登录到网络账户来查看容器被运送的路径,当它在某个地方时,整个旅程中所有相关的条件都会被测量。可以对它们进行设置,当发生失控时发送电子邮件或手机通知。

程序

(1 审查公司的需求和系统选项。评审过程通常需要已经分配到负责运输食品安全的一些人做一些初步的工作。这个人应该收集各种信息,包括从知名的供应商了解系统成本。询问客户和供应商他们使用(或想用)什么样的追踪装置。

(2)确定容器与货板跟踪。该公司需要关注他们负责和处理程序(托盘和容器),并确定是否有需要了解托盘的条件。这通常是一个团队或管理人员的职责。

(3)建立预算。管理团队应该根据总体跟踪认证规划和要求来建立预算。

(4)去商店寻找并采访系统集成商。有许多系统集成商可以来回答的问题,如计划实现,提供报价以及进行安装和培训。如果需要的话,可追溯顾问在这个环节提供帮助。

(5)检查安装的难易度。确保彻底调查安装成本(是否无线)和相关的一次性和月度成本。有许多功能系统集成商不亲自操作,他们更喜欢雇佣其他供应商执行。

（6）检查维护的难易度。一些选项很少需要或根本不需要维护，而其他选项（RFID）需要聘请相关的技术主管人员。

（7）询问报价。询问大量供应商的包装报价。团队审查包装报价通常是可取的。

（8）做一个选择。考虑做一个试点项目，而不是直接跳进一个发展成熟的系统。根据公司所选择的选项，你可以与现有的员工在试用的系统中"边做边学"。在早期，试点项目可以帮助解决问题。你跟踪得越多，所需的成本也越多。

注意：确保所有跟踪数据都可以得到，以保证公司有能力合并容器 ID、可追溯性和卫生数据到一个单独的/容器文件中。

2. 样本程序 2

装有温度和湿度测量装置的壁挂式的 GPS 的容器可追溯系统安装

船运容器可追溯系统向托运人、客户和边境控制人员提供了实时位置和环境信息。为了激活货板和容器跟踪的可追溯性，必须确定车辆的状况，以确保已安装的组件能正常工作，不会干扰日常的运营。卫生食品运输法案要求食品运输车保持卫生、可跟踪性和其他有关食品安全运输的记录。认证系统是为了满足可追溯性、卫生和文档需求。通过合理的使用和一些科技手段的应用来给移动食物的容器卫生状况和跟踪，以此来实现认证。

注意：在检查容器可追溯系统的安装之前，所有者必须决定只安装 GPS 还是安装加上温度/湿度报告系统的 GPS。这一决定事关检查和设备位置的标记。安装者必须经过特别的训练，并经常参加资格认证考试。

这个审查过程涵盖了完整的跟踪容器可追溯性系统的基本安装：

（1）确定容器的温度带。

（2）所有组件的室内安装位置。

（3）外部 GPS 安装位置。

（4）确定电源连接点。

（5）确定穿墙孔的位置。

（6）容器清洁。

（7）确定安装位置的标记点。

容器应该到达和安装位置一样的清洁程度，应对其做卫生检查。人要进入容器检查地板和侧墙来寻找任何不寻常污染的迹象。检验结果记录在包含在卫生状况程序中的检查前和检查后的容器报表中。如果容器需要被清洗，则要按照食品运输机冲洗程序来送去清洗,清洗结束后再进行检查。

前面的内墙容器用来检查任何干扰或问题。

检查员应该定位和标记一个适当的穿透钻取位置(见图 7.7),以确保外面的洞(容器前面)的前面没有任何障碍并靠近电源,如冷藏电池。设备安装位置应位于距离容器底部大约 6 英尺的位置上,在钻孔的左面和上方(见图 7.7)。应该联系老板,检查容器的潜在温度区域。

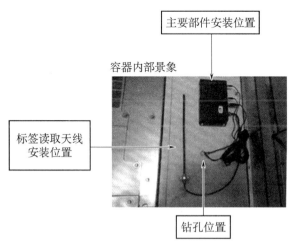

图 7.7 壁挂式标签

基于可能的温度区域,应该确定标签(见图 7.8)在每个区域从底部算起超过 7 英尺的位置——应该用一个黑色的标记来标明位置。

图 7.8 内部阅读器和天线

一旦所有安装位置都标记以后,合适的系统就可以从运输工具中卸下了。

使用螺丝把装置和阅读天线标签安装在墙上,如图 7.7 所示。电池和 GPS

天线电缆穿过钻孔,把所有的电缆连接到阅读器上。

注意:电缆连接器的大小和颜色编码是为了正确匹配并连接到主读数装置上而设计的。是不太可能连接错误的。

如图7.9所示,GPS盒子在拖车的外部。盒子的连接面带有黏性,把黏合剂撕开后,GPS盒子就可以固定在拖车的墙壁上了。

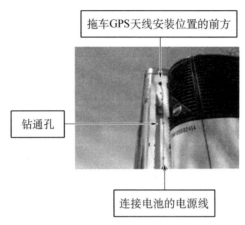

图7.9　拖车前方安装图

装置的电力电缆是黑色和红色的。把冷藏电池的盖子揭开,红色电缆是连接到红色电池端口。移动黑色电缆,把黑色电缆连接到黑色电池的端口。然后闭合冷藏电池的盖子。系统现在有了电源就可以准备测试了。

3. 样本程序3

GPS容器追踪系统的安装

GPS和其他跟踪设备的安装需要正确的初步检验并标记安装位置(参见初始容器检验可追溯性调整步骤)。一旦完成了系统类型和初始安装的检验和标记,经过培训和认证的安装人员就可以测试安装和系统了。

图7.10展示了一个标准的车辆GPS跟踪设备。工具包含GPS阅读器,并附

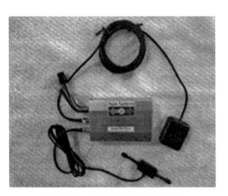

图7.10　车辆GPS跟踪设备

有GPS盒和配有天线的发射机。图7.11显示了布线连接计划,其中包括黑色和红色电源电池连接电线、绿色报警线、白色的切断燃料/电力电线和ACC检测电线。

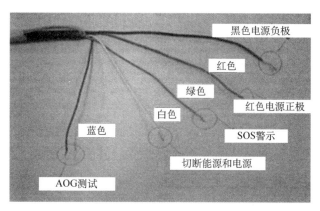

图 7.11　GPS 连接图

　　GPS 的阅读器需要有一个 SIM 卡安装在装置里。SIM 卡应在当地购买并支持 2G 网络以及满足能发短信和 GPRS 的要求。在装置的背面包含四个螺丝而不是用线封装的,这使 SIM 卡持有人可以打开装置的背面。持有人将一端轻轻掰开,把 SIM 卡插进去,让缺有一角的那一边正好贴合到卡槽里。

　　GPS 阅读器的背面有胶粘剂,可用于把装置贴合在机罩的下表面,在挡风玻璃刮水器的下方,在那个地方不会影响到机罩的打开或关闭。

　　GPS 天线盒(黑色正方体)也有胶黏剂,可以把装置黏在机罩的顶端,略低于司机侧挡风玻璃雨刷。用装置背面的胶黏剂把 GPRS 天线(黑色 T 形)安装在挡风玻璃上。

　　在机罩下和车辆的保险丝盒里进行电线连接位置的测试(见图 7.12),以保证合理的线路连接点。

图 7.12　线路测试

在所有连接位置(黑色/红色连接到电池,其他的连接保险丝盒)都安全连接后,装置就会如图 7.13 所示那样连接。

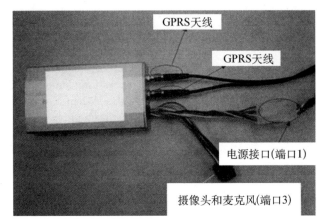

图 7.13 GPS 跟踪器电缆附件

如图 7.13 所示的 GPS 跟踪器电缆附件为了激活装置,需要更新某些编程功能。由装置发送数据所通过的手机运营商来决定 APN(接入点名称)。图 7.14 列出了 AT&T 和 Cingular APN 的名单。

为 GPS 车辆设定的跟踪装置口令			
标号	类型	操作	举例
1	【MSG♯】="STIP"	设置 IP 和 Port	举例: ♯ 000000,222,216,76,235,8999
2	【MSG♯】="RDIP"	读取 IP 和 Port IP	举例: ♯000000,RDIP
3	【MSG♯】="STAPN"	设置 APN	举例: ♯000000,STAPN:CINET
4	【MSG♯】="RDAPN"	读取 APN	举例: ♯000000,RDAPN
5	【MSG♯】="RDIN"	读取车辆 ID	举例: ♯000000,RDID
6	【MSG♯】="STIN"	设置返回间隔	举例: ♯000000,STIN:60
7	【MSG♯】="RDIN"	读取返回间隔	举例: ♯000000,RDIN
8	【MSG♯】="RDSP"	设置速度模式	举例: ♯00000,RDSP
9	【MSG♯】="STIA"	设置最大速度	举例: ♯000000,STIA:100
10	【MSG♯】="STOC"	油和能源切断	举例: ♯000000,STOC:切断
11	【MSG♯】="RDOR"	读取经度和纬度信息	举例: ♯000000,STOC,RDOR

图 7.14 跟踪装置口令设置

7.3 ILC 容器或托盘追踪过程

7.3.1 ILC 设备充电

ILC 的设备可以使用普通的插电式充电器。第一次充电大约需要 4 个小时。给设备充电时绿灯闪烁。设备充电完成后蓝灯闪烁。

7.3.2 登录到 ILC 互联网账户

根据你选择的 ILC 公司和产品,您应该能使用该公司的指令,密码和用户 ID 登录用户账户。这将允许你配置并跟踪你的设备。一般来说,购买的每一个装置都会包含独立的配置设备和跟踪地图。

7.3.3 配置设备

各种配置选项通常用于 ILC 追踪器。例如,通过设置电源来为更长的时间提供更少的数据(如满足国际数据收集的需要)(见图 7.15)或在更短时间内读取更多的数据。最高和最低温度、湿度和其他限制可能是为了建立预警规则。当一个设备在测量环境条件时(例如温度高于公司标准),则这个设备可以发送电子邮件或打电话来通知用户现在的环境失控了(见图 7.16)。

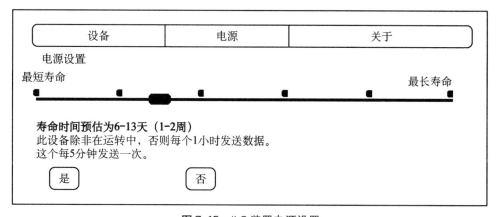

图 7.15 ILC 装置电源设置

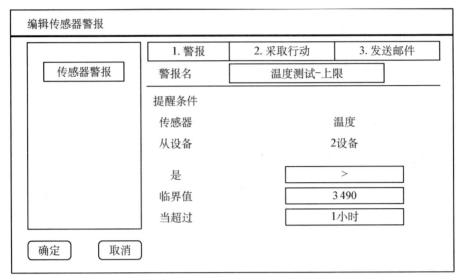

图 7.16　ILC 报警装置

启动设备

配置设置的最后一步一般包括装置的自动启动。

7.3.4　在货物中安装设备

ILC 设备可以放置在货板顶端或容器里的任何地方。收集 GPS 和测量的数据并传送到一个中央服务器上。

7.3.5　检查数据

在配置阶段,根据选择的设备和公司,用户应该可以在建立的区间里检查一系列数据,一般来说,地图上的一个单个传送点表示数据已经被传输。使用设备 ID 把鼠标移动到单个的映射点上,就能显示出所有数据的详细信息。大多数 ILC 公司使用单个数据点来绘制温度、湿度等趋势。这种趋势让发货人准确地知道何时何地的温度或其他特征可能已经失控了。

7.3.6　检索及返回设备

所有电子追溯系统都有一个共同的问题:跟踪标签或设备的检索。ILC 设备价格昂贵,应该考虑到成本问题。因此,需要设备的跟踪和检索,需要建立适当的程序确保设备返回以供后续使用。

样本程序 4

员工跟踪培训计划

所有与运输可追溯性程序相关的员工都必须参加一个培训项目,这一项目包括基本设备的安装、测试和安全操作。下列步骤简单概括了培训项目的内容。

学员的选择:各种可追溯性的硬件、软件和集成组件的选择极大程度上决定了应该选择或聘请哪种类型的员工来培训。例如,ILC 设备培训对除了互联网知识以外的科学技能的要求极低,而使用 RFID 系统需要系统管理和数据库知识和技能。

培训的安排:这取决于安装的系统是什么类型,公司需要根据这个来处理和安排适当的培训。

术语:可追溯性系统通常需要一套新的术语,这需要研究和应用。

天线:天线发送和接收的数据来自于和阅读器有一定距离的标签,或是把数据从阅读器发送到手机或卫星系统。天线有多种形式,包括扁平的、方形的、圆的和长细的。它们是很灵敏的,必须小心处理和安装。连接天线和阅读器的电缆不能弯曲或损坏。GPS 天线收集位置数据(经度和纬度)并将这些数据以及收集数据的时间和日期传送给计算机系统。

标签:标签采集温度、湿度等数据,并在阅读器发出请求时把这些数据传输到中心阅读器去。标签的大小通常为 2*3 英寸(或更小),可能是安装在容器壁上或是放置在托盘上的货物上或货物里面。

阅读器:阅读器构成主可追溯性系统单元("大脑")。根据所需的报告要求阅读器会触发天线来获取标签数据。温度数据可以从标签发送到阅读器天线,再传输到阅读器中,然后通过 GPS,把时间和日期信息重新发送互联网服务器中,在这里数据会转换为表格和趋势线。这个数据转换和可视化允许用户确定确切的车辆位置和环境。

7.4 记录培训活动

培训记录包含在这组程序(见图 7.17)中,这个记录是所有培训和教育课程数据收集的一个示例。

7.5 T104 责任

标准:组织应该向员工明确并传达任务和责任。

要求：公司负责向公司的员工阐明和传达容器跟踪计划，承诺，目的，目标和培训。审计人员将审查组织图和其他文档来确定公司的员工对这个计划了解的程度，然后为可追溯系统分配员工到适合的责任岗位。

至于其他的认证标准、责任构成需要一个组织结构图来清楚地显示在监控可追溯系统中是由哪些人负责相关岗位的。培训记录由人力资源负责，应该记录和保持能证明培训经历的证书和记录。

日期：_____　　时间：_____　　地点：_____
会议目的：_____
组织会议人签名：_____
组织会议人名称：_____
<u>参会者签名</u>
(1) _____
(2) _____
(3) _____
(4) _____

图 7.17 培训记录

7.6 T105 培训

标准：制订培训计划并实施。

要求：一个组织应制订和实施可追溯系统的训练计划。

该公司负责为员工开发和传达容器追溯目的，目标和操作，这些员工参与公司容器可追溯系统和操作的实施、维护。外部审计师将审查公司培训计划和与培训有关的记录，以确保可追溯系统的工作人员是训练有素的。

7.7 T106 能力

标准：可以影响可追溯系统的工作人员应该表现出能正确操作和维护可追溯系统的能力。

要求：公司要负责确保只有那些受过操作和维持可追溯系统特别训练的人员才能来履行实现和维护系统的职责。审计师将观察和询问在可追溯系统岗位上的工作人员，并审查他们的培训记录，以确保他们的培训与工作表现相匹配。内部审计团队应该评估工作流程和检查人力资源或其他部门做的培训记录上的人名,应该执行类似的审查。

7.8　T107 监控

标准:公司应该为可追溯系统建立一个监控计划。

要求:公司需要监督可追溯系统的实施、维护和操作功能。审计人员将审查程序和记录,以确定在可追溯系统的管理监督方面公司的行动。内部审计团队需要建立一个监控计划,以确保系统的各项功能正常运行。测量标签读取率、丢失的数据和其他参数是很常见的操作,这样做是为了保证系统各项功能正常运行。需要发展可以量化的目标和建立与系统功能有关的收集和分析数据的数据收集系统。应该根据可追溯性或食品运输安全管理条例确定性能目标趋势并报告给高层管理。当计算出的控制最大值较低时,可以用统计过程控制来分析性能趋势。这种跟踪属于基础测量,不同于帕累托分析、因果分析和团队计划的可以解决反复出现的问题的预防措施。

7.9　T108 记录

标准:公司应建立一个记录保持系统,为每个在使用的容器合并卫生和可追溯性数据。

要求:根据管理和可追溯性系统审计要求,在运输过程(需要的地方)中合并和维护唯一的容器证明、卫生可追溯和温度控制的记录必须好好维护。外部审计师将审查记录和文件,以确定哪一份记录达到了包含所有需要的数据的程度。内部审计师和内部食品安全团队必须确保已经依据可追溯系统计划收集并得到了所有记录。就像之前提到过的,这些记录是快速并准确回忆的基础,可以用来满足内部库存控制的需要。

必须建立适当的和受保护的文件系统、电子文档,使那些负责维护和审查容器可追溯系统的员工可以访问记录。

7.10　T109 绩效

标准:公司应该根据其建立的绩效目标来测试系统。

要求:可追溯性方案(T102)需要为总体上的可追溯系统建立可衡量的目的

和目标。外部审计师将审查数据、记录和方案，以确定公司是否依据其建立的目标来积极主动地测试可追溯系统。内部审计团队负责确保可追溯系统运行和验证与绩效目标是一致的。年度管理评审人员将考量系统和内部审计团队的表现并做一些必要的改动。

7.11　T110 内部审查

标准：公司应该进行内部可追溯系统审计以确定系统实现预定目标的能力。

要求：可追溯性方案(T102)需要为总体—可追溯系统建立的可衡量的目标。外部审计师将审查数据、记录和方案，以确定公司是否根据可追溯系统方案的需求来进行内部审计。内部审计团队和内部审计系统是必需的，以确保系统在正常工作周期内得到适当的维护和监控，以及始终保持和维护着准确的和最新的记录，以方便管理和团队审查。

7.12　T111 管理评审

标准：应该按照设定的时间间隔进行组织审查。

要求：追溯计划应该按照可追溯系统检查的需要来设定间隔。外部认证审计将审查日志和记录，以确定该公司是否按照公司可追溯计划中的时间间隔来执行系统审查。每年至少一次，管理部门要与内部团队合作，审查所有可追溯性标准的状态。管理部门要签署整体培训计划，如果计划有任何改动都要重新签署，并标注日期。

如果有客户、法律或者保险公司提出新的需求，管理部门要负责保证任何需要改动的地方都要包含在方案中。

7.13　T112 纠偏措施

标准：公司应该在必要的时候采取一些合理的纠偏措施。

要求：可追溯系统发生问题或程序上的问题时，需要采取纠偏措施。外部合规审计员将审查与可追溯系统相关的纠偏措施记录，以确定找到并记下了哪些问题，在需要的时候员工可以通过一个系统来采取适当的纠偏措施。建议公司建立维修审查委员会（MRB）来为纠正措施审查需要的保持记录提供一个正式的途径。

　　MRB 团队可能成为内部审计团队的一部分为纠偏措施活动增加人手。

7.14　T113 召回程序

　　标准：召回程序存在并且组织要计划和测试食物召回程序。

　　要求：用来携带食品的容器必须包括在召回程序中。运输前或运输期间在食品中掺假是一个很严重的问题。一旦受污染的食物进入运输容器，容器自身被污染并对其他货物造成交叉污染的可能性就会大大增大。公司应该能够召回记录，这些记录跟踪运输被污染的或者被召回的产品的容器，以便公司可以及时地召回、清洗、管理运输食物的容器，来避免再发生交叉污染。外部认证审计员将审查找回过程，以确保这些程序包括了在食物召回中可追溯系统的使用计划。

7.15　T114 召回系统的测试

　　标准：记录应该标明已经对召回系统进行了测试。

　　要求：T113 的召回系统的定义和计划必须进行测试。外部认证审计员将审查记录以确保已经使用可追溯系统对容器召回系统进行了测试。内部审计团队负责开发和测试一个容器召回测试方案，作为可追溯计划的一部分。如果召回程序未能捕获和报告与监控和记录容器身份有关的数据，那么系统就要建立一个适当的纠正措施方案，监控和记录的容器数据与清洗和温度保持有关。在必要时，要进行预防措施分析及相关活动，这是为了永久消除那些可能引起召回系统故障的因素。

　　不能快速、准确地执行容器的召回行为很可能会导致法律或联邦调查人员要求停止出货，并且可能会让一个公司面临严重的财务损失。

7.16　T115 托盘或多层容器的可追溯性

　　标准：应该从最初的装载点一直到货物的部分卸载或完全卸载来跟踪货板。

　　要求：因为承载食物的托盘会经历装载至容器和从容器上卸载的过程，因此跟踪和测量温度控制（当被 HACCP 或其他计划要求）的公司要接受审查，审查的目的是确认供应链纠正措施的必要性以及确认该公司在货物装载时有多大程度上的可见性。外部认证审计员将审查客户需要的或者他人单独跟踪或监控的系统记录和文件,来确定承载货物的托盘的质量控制。

尽管一般来说是不涉及托盘的,而且现在的食品安全法律也把托盘排除在外,但是企业还是应该控制托盘需求的变化。木制托盘容易出现污染,这是众所周知的。它们本身不够干净,而且有可能会面临和其他食物环境中使用的木质容器同样的淘汰。

7. 17　T116 容器的改动

标准:应该保护容器不被乱动和非法进入。

要求:食品保护要求用来装载食品的封闭容器必须能够防止乱动和非法进入。外部合规审计员将审查公司的操作和程序,以确定容器在这两个方面被保护的程度。目前有许多正在使用的或可用的科技(简单)设备来检测容器的改动。尽管这些设备现在大多用于货运容器上,但其在未来使用的广泛程度绝不只像现在这样。从简单的塑料标签到较为复杂的感光和警报系统,容器改动产品提供一个数组方式来确定容器是否被改动过。

7. 18　T117 容器事故控制

标准:应该建立相关程序来列出该如何处理可能引发食物掺假的事故。

要求:程序必须指出那些涉及容器和承运人的事故,这些程序是来跟踪容器的,并且包括容器的清洗和其他要求。涉及事故或泄漏的装载食物的容器需要用特殊程序处理。外部认证审计将审查事故处置程序和面试人员来确保遵守程序,并确保维修审查委员会人员妥善处理了容器装载的食物。该公司必须为此类事件开发程序并培训员工。应当检查培训记录和并进行面谈来确定事故所遵循的程序的程度。公司应当建立适当的形式和记录保持系统来准确地记录容器事故。

在食品短程的运输过程中,托盘和容器泄漏的可能性大大增加。在这些情况下,食物被污染的原因很有可能是箱子和托盘与地面距离过近。公司应该有书面程序来培训和管理小容器的泄漏,这是为了防止掺假食品进入供应链,并且掌控发生泄漏事故容器的卫生状况。

7.19 T118 事故控制记录

标准：应该保存事故控制记录。

要求：如果一个事故涉及了承载食物的容器，那么就必须建立和维护记录保持系统。外部认证审计人员将审查事故记录来确定在何种程度上记录满足程序要求和得到了保存。不适当的事故记录和 MRB 处理和纠正措施，以及对容器重新清洗和受影响食品的控制是这个标准的失败的原因。记录应包括时间，日期，地点，纠正措施和其他相关的信息，以此来决定一个适当的记录保持系统是否在合适位置。

7.20 T119 可追溯性记录的维护

标准：应保持容器的可追溯性记录。

要求：应该保持至少 2 年的记录，并且可用于审查、上传或可供联邦、州或地方机构、顾客和其他与供应链有关的机构使用。外部认证审计人员将审查文件，以确定该公司是否保持了至少 2 年以上的容器可追溯性记录。记录可能是电子版也可能是其他格式，必须在审计人员需要的时候可以下载或拷贝。用电子版保存的记录必须符合当地或国际电子记录的保存需求。

必须对运输食品的单个容器进行可追溯性记录。

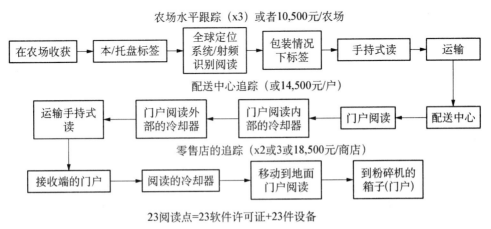

图 7.18 射频识别系统的成本项目

第8章 系统实现

食品运输安全系统中的政策、程序、记录、纠正措施、内部审核等常见要素都包括在大多数食品安全认证标准中。虽然这些要求在整个食品安全中很常见,但还有一些同样重要的食品运输安全要求经常被排除在外,这些要求必须由食品运输管理人员来处理。下面列出的是一些可以帮助指导食品运输管理的建议性规则。

8.1 食品运输管理的十项指导规则

(1) 食品安全和食品质量是不能分开的。它们相互依存,并且都属于食品运输者的责任范围。运输过程中需要进行质量控制以满足食品安全标准。

(2) 食品供应链中的各部分都是相互依存的。链条中的一处断裂就可能导致整个系统的失败,所以在运输食品安全问题上必须要采取一种互通的方式。

(3) 对供应链的检测是控制食品安全和质量的关键。没有检测意味着控制能力的一种缺失。检测是主观的、昂贵的,同时也需要测试技术的支持。

(4) 检查和测试技术必须保持持续发展以满足运输途中的测量需求。这些检测包括对生物污染物和其他掺杂物、破坏性物质的检测,以及对爆炸性有害气体的检测。

(5) 召回时间会通过利用电子追踪系统和供应链伙伴之间的信息共享合作机制而减少。减少召回时间意味着保护了消费者和供应商的利益。这是损失控制的一种重要形式。

(6) 运输途中食品容器的卫生情况是最重要的。一定要保证对卫生条件的管理控制。

(7) 运输进程必须对所有供应链成员透明。信息系统需要收集和传达货物的标识、定位及情况,并提供实时的地图、温度趋势和警报。

(8) 预防是关键,那些负责食品运输系统的人员必须学会迅速地对食品安全和质量问题及优先事项做出回应。系统是必需的,因为它可以大幅降低召回次数。

（9）需要开发更加先进和综合性的食品运输信息系统,允许本地企业捕捉、共享和利用供应链的可追踪性信息和卫生设备的信息。

（10）各国政府和法律不能也不会解决国际食品运输安全问题。通常情况下,企业必须做到这一点。政府一般在这项任务中参与执法以及建立法律。

从哪里开始以及如何开始开发用于运输食品安全的系统的问题,一定程度上取决于一个公司能达到什么样的食品安全认证标准。

如果一个公司并没有通过所有的认证,也尚未开始执行由履约机构提供的任何形式的食品安全标准,系统开发的立足点很可能是与上层管理机构就运输过程中食品安全的需求和方向进行讨论。

如果公司决定必须采取一些措施来防止掺假,并且想要建立一个食品运输安全系统,系统的逻辑设计应该从一些政策声明的设立开始。像前面几章所说的那样,政策声明是所有食品运输安全标准的基本要求。

无论是哪类认证标准,或者无论你的客户提及的哪家公司,政策声明都将是必需的条件。一般政策是由 CEO 或总裁,或至少是负责该任务的高层管理人员小组设立的。

该政策应该包含有关食品运输安全控制的公司愿景。在大多数情况下,公司想要实现供应链的垂直整合。这意味着,该公司了解供应商和客户,并与他们合作融洽。该标准向下级联的想法意味着,一旦一个公司选择了一个供应商,该供应商的供应商们也要满足他们的客户选择并准备执行的标准。他们的客户虽然也是供应商,但是在某种程度上更接近消费者。

假设该公司已经拥有了政策声明,则需要对该声明进行完善,它要涵盖整个运输过程中的食品安全问题,包括所有的内部和外部的供应链组成部分。

8.2　全面考量

不要再考虑"一涨一降"的规则了。这是一个过时的、很快要被淘汰的权宜之计,它不能满足包括运输在内的整个过程中对食品安全进行监管的需求,而且会继续混淆该行业对每个参与者在整体供应链中的责任和义务的规定。随着国际监管工作和食品运动的不断增加,一涨一降的规则不可能继续沿用下去。

有趣的是,即使认为我们提供了可追踪性的食品,但不能忘记食品是用容器来运输的。在开发出针对食品的单品级跟踪技术之前,盒子、货盘、箱子、容器、卡车、飞机上的托盘和铁路集装箱才是我们真正在跟踪的东西。如今,我们拥有能够管理和准确监控容器的设备,但通常我们直到给食品加标签的时候,才开始认为我们知道食品的状况或任何相关的食品安全状况。这种想法显然不切合实际,因为我们可能并不知道食品在贴标签之前的运输环节中的安全信息。

如果我们不能完全监管运输食品的容器,又怎么能认为容器中的食品得到了充分的保护呢?

图8.1显示了各个供应链的组成部分。农场、代理商、加工人员、包装人员以及零售商(包括超市和餐馆),各组成部分对内对外都是由运输过程相连。供应链中的每个供应商都需要考虑自己的运输过程,包括从自己的供应商到自己的客户,有时甚至要涵盖整个供应链。

图 8.1   食品供应链

这意味着需要由所有参与者一起开发一种垂直整合的供应链。可视性和实时监控必将是最重要的,可视性意味着要有全新的方法来知道某个食品是何时到达何地。

需要对相关公司在食品运输链中的存在地位做一些基本的决定。举例来说,一个农场可能有两个地方需要重点关注。一个是将收割农产品运输到包装车间;另一个是从包装车间运输到客户的工厂。

图8.2的底部描绘了正常公司在内部及输入输出过程中的众多传递点。该图意味着,每一个内部流程步骤都有责任满足既定的卫生标准、可追踪性和温度控制,以保证下一个内部工序的顺利完成。

图中既包括短期的内部运输过程,如配送中心、农场甚至是零售点,也包括公司与供应商之间或公司与客户之间的长期运输过程中的步骤。

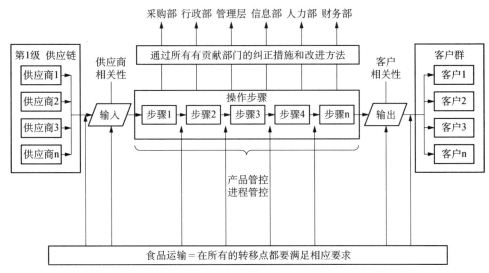

图 8.2　对食品运输过程的思考

　　图中展示了一系列供应商、流程步骤和多个客户怎样接收从公司传出的产品操作流程。"传入"和"传出"指的是公司和供应商、客户之间的密切沟通以及标准和期望值之间的相关性。图的顶部显示的是各种为内部审计部门提供服务的个体，他们通过执行公司所有职能来进行纠正性和预防性措施。

　　尽管图 8.2 似乎提出了较大型的组织结构，建议读者简化该图以适应较小的运营需求。该图应该描述为传入—进程中—传出网络结构，它是一种可以满足供应商和客户需求的内部运输操作模式。

　　一旦政策设立，下一个步骤可能将是选择和开发一个组织架构用来挑选个体和团队成员来实施这些政策。一旦完成，公司需要开始进行培训。不管该公司位于供应链的哪个部分，都应该有培训和竞争力标准。选出的一部分人成为内部审核小组，按照贯穿本书的标准制订训练计划表。

　　公司管理层会认真地审查上述的各种管理标准。运输过程中的食品安全体系的发展需要来自组织中不同部分个体的投入，这意味着需要一种团队的方式来应对由标准规定的要求。这一要求意味着，必须确立一个团队的领导者以及组织机构说明谁拥有权力和责任来设计、实施和监督该系统。大部分食品安全标准要求组建这样的内部团队，需要对团队成员进行一些训练，使他们快速掌握运输环节食品安全的标准和要求。内部团队成员不一定需要成为注册审计员，但对于大型组织来说，往往需要有一个或多个内部人员能取得外部审计员的资格认证。

内部团队成员可以在公司的人力资源组（HR）的帮助下开始工作。人力资源组可以保留培训记录，并保证只有经过培训和认证的个人才能进行与食品运输相关的工作或系统方面的工作。管理层利用如图 8.3 所示的审查表可以实现快速审查内部团队的进展。

运输食品安全内部审核日志

操作：_____   审核人：_____

审核站点：_____

	审核	完成日期	结论
管理			
HACCP 体系			
卫生设施			
可追踪性			
培训			

图 8.3　运输食品安全内部审计日志

该表格可以以快照的形式发送给运营经理，不再是大量的文档。小组组长可以很快注意到每一个主要标准模块的审核人、分析数据及相关评论等信息，并通过电子邮件发送给负责的管理人员。该表格可以由内部的食品安全小组组长迅速完成。

8.3　提前考虑容器维护问题

假设政策和内部团队已经建立，需要在早期实施阶段解决在哪里以及如何保证卫生设施、可追踪设备的安装和维护服务。维护问题需要在实施的早期阶段提出的原因是容器的卫生设施情况监测和可追踪设备尚未普及，更重要的是，这些服务对保证卫生设施和维护可追踪系统来说是不符合资格或未经认证的。

维护工作站必须认证并遵守卫生设施和可追踪性标准。

对于已经拥有 HACCP 计划并且可以升级到使之适用于食品运输的公司，则可能已经出现了大量的关于开发程序、监测、核查和其他 HACCP 组件的需求。随着这些需求的确定，一般是由直接完成这项工作的人寻找实现的这些需求的办法，同时通常这个决定归于一些维护站和运营商。

根据以下几种主要的卡车路线，任何一个驾驶员都可以很容易地识别出可以提供食品、燃料、甚至是外部和内部清洗服务的卡车车站。然而,将拖车的车厢分离开并用冷水进行冲洗一般不被认为足以减少或消除潜在的掺杂物。这种服务代表了最少的工作量(虽然每次洗涤的成本范围可能在 25 美元到 45 美元之间),并不能满足由零售企业集团建立的卫生标准和程序。车站不会做很多工作来控制水的压力、水源和水的温度,这些都是未知的而且相对比较随意。清洗工作的质量普遍不太乐观。把脏的洗涤软管从先前冲刷的地面上随意地拖到挂车的后部会使污染物进入容器,这给交叉污染创造了机会。

对于维护站工作人员来说,无论他们是否处理过卫生设施,或者安装包含复杂的追踪和监控技术的可追踪性系统,他们都需要进行培训以满足托运人甚至是物流供应商所规定的要求。

内部团队会寻找有竞争力且有能力的维护站点,这些站点要能满足企业有关卫生设施和可追踪性的标准和程序要求,能够面对与卫生设施运营商谈判以获得公司支持的艰巨任务。如果一家公司经谈判得以以较低的成本获得特定卡车清洗运营商提供的舰队级别服务,谈判小组现在面临着的问题是试图在保持低服务收费的同时改善预防性程序。

独立维护站成为一个经食品安全操作认证的大零售商的优势在于他们可以吸引到大企业的舰队级别合同,因为其意愿以及可以提供保障食品安全服务的能力。

维护站成为供应商的认证和食品供应经销商期望给零售店、政府小卖部或餐厅特许经营提供服务时所需的食品安全认证是一样的。尽管维护站可能不需要保存或运输食品,但它所提供的服务会影响食品安全,所以必须符合食品安全标准。同样的,卫生服务必须是通过审查并符合 HACCP 等标准的处理操作,外部或内部卫生设施作业人员必须经过培训、测试和认证之后才能提供服务。

这项工作可以被称为是预防工作,必须确定维护站的工作流程,同时要建立监控流程,从质量和食品安全的角度来控制运输过程中是否有污染物。无论是否安装和维护可追踪系统或温度监控系统或消毒容器,维护服务都是预防的关键,而且预防意味着要定义适当的程序、执行的过程、测试过程的结果和维持过程的控制。

车辆的司机也必须经过符合公司规定流程的培训,以防止意外的(或故意的)食品污染事件的发生。控制驾驶行为,无论驾驶员是公司职员或独立卡车司机,都需要由托运人对他们进行一定程度的培训和管理。

环境保护是当前很受关注的问题,在容器清洗的问题上也要注意这一点。必须防止这种清洗工作产生的残渣进入地下水,也就是说,必须控制和召回废水,并且该操作必须满足环境保护局(EPA)的其他要求、检查和验证。

为了通过认证,容器维护站必须实行一般的可追踪性和卫生系统的标准,如在本书中列出的标准,也必须遵循客户提出的 HACCP 计划的细节。所有这一切都使得内部团队需要特别并提前注意他们将如何与内部和外部企业一起工作,因为这些企业可以提供旨在帮助防止产品召回及其他与食品运输相关联的服务。

与寻找维护站和认证维护站的资质同样重要的是,必须建立支持运输食品安全的合同和购买协议。虽然有些维护站可以快速调整自己的流程以满足并通过标准认证,另一些则可能需要一个长期计划(也许是 2~3 年)他们会逐渐提高他们向客户提供优质服务的能力。对于那些可以快速调整的公司,食品发货人承担的风险较低,但那些较难满足运输食品安全需要的一般被认为与之合作承担着较高的风险,可能不符合公司对于供应商的要求。根据供应商的能力是否满足食品运输标准为基础划定的风险等级,货主可以按照该等级来选择和那些较少影响他们的声誉且不影响供应链的公司合作,以便提供卓越的维护操作,并更好地管控自己的赔偿责任。

8.4 如何在食品运输过程中控制食品安全和质量

如果你不知道从哪里开始,可以试着任意挑选一个点着手。图 8.4 是实施食品安全体系相当标准的做法,它将运输标准纳入现有的食品安全系统,并为公司展示了在运输或维护食品运输过程中如何从头开始建立一个食品安全的运输标准体制。

一旦公司设立了食品安全政策(见图 8.4,第 1 项),意味着它已经建立了业务方向,这个方向包含了新的投资方面的责任、成本和潜在回报,以及新的市场机会。如果公司的一个或多个功能已取得认证,其食品安全运输标准的实施就会将自身的食品安全体系拓展到其他体系中。没有食品安全认证或系统的食品供应商、运输公司和供应链成员,可以通过努力研究、培养管理人员、学习本书中建立的HACCP 体系、卫生和可追踪性标准(A),根据运输标准推出新的食品安全体系。

其中第一个推荐的步骤是要形成一个管理团队(见图 8.4,第 3 项),选出一个内部的食品安全小组组长,也可以在开始阶段安排一个人进入团队。此时,管理层可以修改当前的组织架构图,以确定该公司能够负责系统的规划、实施、报告、监督和纠正。管理团队应该花时间来审查所有标准,团队的每个成员都应该对每个将要执行的标准的一部分承担责任(见图 8.4,第 4 项)。为了创造外部管

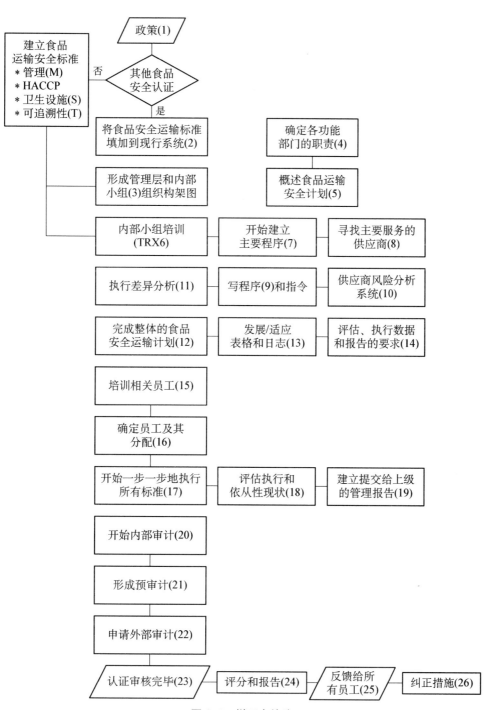

图 8.4　样品实施流

理层收购,需要这种由主席领导的管理层分工。收购可以通过询问管理团队的每个成员然后总结出来(见图 8.4,第 5 项),得到的计划中一部分将用于指导内部团队成员、培训和系统实施。

接下来可以进行更正式的管理和团队培训(见图 8.4,第 6 项)。在线的并已经过认证的外部审计员都可以帮助提供培训。通过认证的外部食品运输安全审计员和培训计划可以在 TransCert.com 找到。在线培训提供指导以帮助学员对已有知识进行更新,包括可追踪性和卫生设施相关法律、现有的技术和所有标准,也包括那些没有及时更新的需要进一步完善的战略、工具和技术的因果分析和防治专项培训。

随着培训和基本计划的完成,内部团队可以开始定义维护程序及研究内容,以实施符合标准要求的内部或外部的可追踪性和卫生设施解决方案。因为需要把维护服务供应商加入到系统里,所以要在初期较早地解决维护问题(见图 8.4,第 8 项)。由内部团队根据既定程序、工作指导和早期规划开发的程序将被用于维护站和人员开始开发、测试并核准卫生设施和可追踪系统的要求。现有的维护服务将需要根据自己的满足实施要求的能力进行排名。排名应该在他们的运输车辆、生产商、零售商和连锁餐厅提供优质服务能力的基础上完成。

这个排名的过程是为了准备正确的预防程序以便跟踪维护服务的业务进展。对这些服务功能进行排名和管理供应商的选择和签约是一个风险管理功能(见图 8.4,第 10 项),可以减少替代责任和食品运输保险费用。

一个可以持续关注供应商的可追踪性和是否符合认证的集成系统对风险排名和管理供应商来说是非常有用的,在本章后面将会举例进行讨论。

接下来,管理团队、内部审计团队和经过认证的审计员可以一起对公司进行差距分析,判断鉴于目前既定程序的能力在早期阶段该公司是否符合标准。差距分析也可以在一段时间以后进行,但这种早期报告可以提供很多必要的信息,以帮助该公司着力进行必要的更改。差距分析也需要更快更轻松地识别优点和缺点,这些优缺点可能在以后的外部认证审核中造成很大影响。

随着治理结构、内部团队、维护服务、程序、差距分析和风险分析的完成,公司应该准备最终确定整体食品安全的运输计划。

基于标准、法律、进口、出口、国际的和指导性文件,采用、发展以及调整表单、日志和要求全面记录和报告的数据系统的进程将会得到解决。本章稍后会提供一些可用的示例表格,以减少重新开发表单的时间。

下一步计划需要为所有相关员工提供程序性的培训。培训应包括政策、计划和程序,以及系统实施与维护人员的具体职责(见图8.4,第15项)。有些员工,尤其是那些直接负责安装和维护追踪系统并提供外部卫生设施服务的人员,将需要接受能够证明自己的能力的更广泛的培训。标准要求确保只有有能力的员工被分配到实际工作的特定操作岗位上。此外,对于愿意制订一个内部操作培训计划的大公司,建议公司进行培训员的培训,这样可以避免重复聘请外部培训员的成本,因为外部培训服务通常是昂贵的。然后把训练有素的员工和训练有素的培训师正式分配到相关部门(见图8.4,第16项)。

所有培训都应以适当的形式记录下来。

正式开始一步一步地实施工作(见图8.4,第17项),随后是由内部审计团队设立的每周或每月执行评估以及进行合规性状况报告(见图8.4,第18项)。根据管理层的要求和计划,建立管理评审并在计划的基础上开展工作(见图8.4,第19项)。

内部审计团队连续而系统的内部审计是有计划的(见图8.4,第20项),以保持纠正和预防工作、因果分析、报告和文档活动的持续性。

正式的内部审计可以作为准备外部审计的预审计(见图8.4,第21项),需要提出一份完整的总结,交给在系统中占重要地位的管理层来审查。

一旦管理层和内部审计团队在评审中都认为公司可以通过外部审计,接下来就可以提出外部审计申请(见图8.4,第22项)和外部认证审核计划。一旦认证审核完毕(见图8.4,第23项),报告和分数以及所有需要的整改措施(见图8.4,第24项)一起被报告给所有雇员(见图8.4,第25项),必要的纠正和预防措施工作需要尽快分配下去并完成(见图8.4,第26项)。

8.5　数据系统建设应考虑的因素

图8.5显示了一个公司如果没有处理数据的电子手段并开始考虑一个计算机化的方法,此时应审查三个组成部分:数据收集、数据管理和分析报告。如何收集、管理、分析和报告对要审核的任何电子系统都是最基本的。合规性证明几乎完全依赖于保存数据和记录两方面。

食品运输中收集的数据显著不同于收集和录入用于的实施食品安全标准的数据,例如,那些需要配送中心、农场、餐馆或商店输入的数据。运输中食品的数据收集可能需要考虑运输条件,包括全球定位系统、温度、湿度以及其他成本因素,如燃料消耗、装载和卸载时间和驾驶员的行为,还包括实时监控的情况。

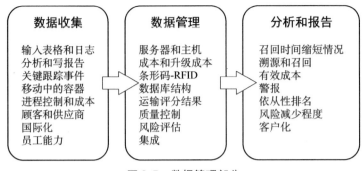

图 8.5　数据管理部分

接下来是数据管理的问题,很多公司为数据管理提供了各式各样的服务,比如帮助客户保存数据并按月收取费用,向客户公司销售软件以保证他们能储存管理自己的数据。初始成本和升级成本会显著影响公司的决策,尤其是对于那些需要新员工来管理电子系统的服务器、硬件和软件的公司。

而条形码和 RFID 报价仅仅是提供的两个选项,ILC 设备应该被考虑到,因为该设备可以进行运输跟踪管理。在整个系统中建立质量控制,以及为集成系统的供应商提供风险评估数据,是决定如何管理数据时要考虑的重要方面。

更重要的是,运输数据管理系统需要与采购、财务和内部产品跟踪库存控制系统等现有的公司内部系统进行整合。

任何数据系统的最重要的方面之一是需要总结、分析并提供有效的报告。如果公司想缩减召回的范围并改进 MRB 的纠正措施,肯定需要较高的数据召回速度。知道食品的位置,定位召回对象直接与此次召回过程的持续时间、范围以及即将发生的经济损失相关。

在数据分析的其他讨论中可能出现的问题集中在警报方面。如何能够确切地知道何时何地装运了温度过高的东西,例如,接收电子邮件或手机短信,提供了一定程度的实时保护,这是旧的和不太成熟的追踪和监控技术所不能提供的。越快采取行动,在下一级发生问题的可能性越小。

大多数软件供应商将对任何安装了初始系统后要求修改报告和数据系统的客户收取大量费用。定制系统通常会花费 3 倍于原始系统的成本。

当考虑以电子方式记录并保存追踪系统和监控系统的数据时,从纸上过渡到电子方式的成本需要加以研究。对于根本没有成套系统的公司,与纸张转换到电子的相关的人力成本可以忽略不计。

对于食品运输安全的情况,存储数据记录的公司希望收集企业和相关符合标准的数据,而这些还需要探讨。内部团队能够在日常工作中输入数据和接收总结报告,并且通过使用手持设备进行数据输入的方式享受无纸系统,这往往意味着大大减少了购置更昂贵的设备的成本。

8.6　风险控制和责任：供应链纵向整合的情景分析

软件系统也提供了一个更加综合的办法,旨在使供应链中的成员把根据可追踪性、合规性和认证体系收集到的数据和有用的信息结合起来。图 8.6 表示的是一个综合食品安全系统,该系统可用于食品运输部门,用来评估并进行与维护、食品处理和运输供应商有关的风险排序工作。目标是缩短它执行召回过程所花费的时间,对供应商划分风险等级,并且同时服务于其他的食品供应链成员,利用这些数据来改善运输部门的全面管理。

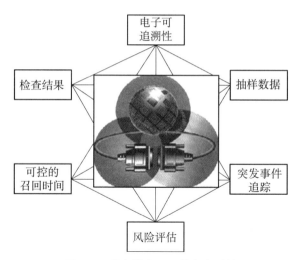

图 8.6　整合的食品运输安全系统

减少召回时间的目标意味着运输公司的 MRB 功能可以更快地识别污染食品可能在供应链中的准确位置,并将其围捕,以防止病菌进一步散播。更短召回时间意味着公司可以采取更迅速的行动,以防止进一步对人体健康产生不良后果,而且从公司的角度来说,可以保护自己的品牌和声誉。

该系统采用电子形式提交容器追踪数据和容器卫生设备检查的监测数据,并根据托运人运输食品进入和退出操作的认证和合规状态得出抽样结果。

这种系统目前已经上市,可适用于食品运输共同体,将激发食品转运的潜力以减少保险费用、增加买方基底、减少数据输入和其他的工时消耗、满足法律和保险合规性要求、提高库存准确性。它们不仅对满足供应商的食品安全需求至关重要，还能够满足关键的管理市场的产生、准确度和降低成本的需求。

政府级别的关于整合食品安全体系(IFSS)的讨论往往只注重联邦、州和地方的食品安全检查和执法数据的整合，而这里所描述的系统的设计更专注于业务层面的供应链数据整合。大多数政府都尚未设置运输过程中的食品安全标准，而私营部门则仍旧在寻找和实施能提供自我保护和消费者保护职能的系统。

尽管许多国家的政府花费大量的与食品安全有关的资金，努力防止召回事件的发生，但更综合的办法应该更加具有预防性。这种集成系统提供以下功能：

(1) 基于通用或任何用户定义的联邦、州或地方标准的运输食品安全预防控制。

(2) 从众多用户自定义的测量系统导入原有数据的能力。

(3) 自动风险分析、排名和报告。

(4) 电子条码和 RFID 追踪和监控。

(5) 在采用定量地确定风险等级和电子可追踪性数据的基础上得到的疫情调查和召回率。

综合系统方案的优势

(1) 在托管(云)服务器或单一服务器单元上实现的预配置批量生产独立运输食品安全卫生和可追踪性。

(2) 利用概率模型对可能导致的疫情的追踪。

(3) 在召回过程的演习中减少控制病毒暴发所需的时间。

(4) 收集转运认证审核、维护检查和样本数据，然后建立、排序并报告风险概率，作为所有者的供应链管理和召回制度的组成部分。

(5) 能够收集从传统的食品安全系统集成的任何食品安全的数据以满足联邦、州和地方机构建立的标准。

(6) 能够管理低层供应商。

(7) 收集本地数据，但有在许多网络功能的或其他可追踪性平台进行通信的选项(提供本地数据控制和安全保障)

(8) 建立电子产品的可追踪性能(条形码/GTIN/启用 GS1)，并升级到 RFID 或其他能够监控实时位置、温度、湿度、篡改行为等的系统。

(9) 能够找到与召回相关的所有产品的项目等级情况。

(10) 为用户提供风险排名供应链方案。

(11) 减少与责任保险相关的费用。

(12) 按照需求实现用户互联网的互联互通。

（13）可扩展到现有的内部系统（二级市场能力）的任何供应链成员。

（14）通过互联网、内联网、手机和其他无线设备都可以访问。

（15）可扩展到许多食品和非食品的安全性和可追踪性的合规要求。

系统被预先配置为包括如下所述的若干食品安全供应链模块（见图8.7），其中包括：

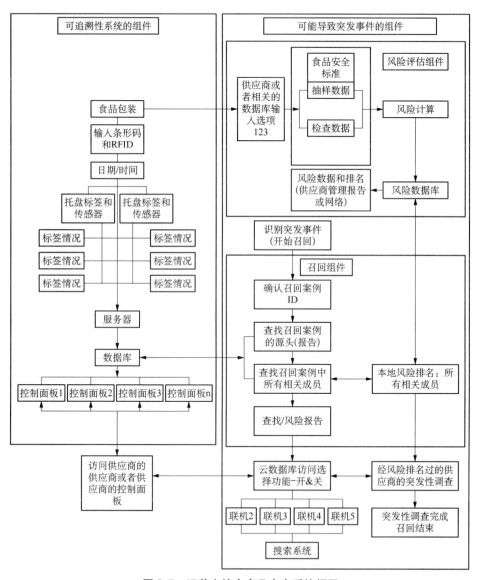

图 8.7　运营商综合食品安全系统框图

（1）食品安全。

（2）风险分析。

（3）电子可追踪性。

（4）召回控制。

食品安全模块允许系统用户在客户端注册、采集、存储容器运输食品的卫生和可追溯记录。录入的食品安全数据用于用户个性化危害分析和计分奖励以便于进行风险分析以及可能发生的食品召回。食品安全模块包含以下三个选项：

选项 1：预录入一般性的危害，包括生物和化学用水、产品抽检结果以及审计和检测数据

选项 2：FDA 行业危险类别指南：由 FDA 确定的危害分析

选项 3：应代理机构要求，由联邦、州或地方制定的标准和危害点。

8.7 风险分析

风险分析采用食品安全数据并通过食品处理操作来降低风险。基于上面食品安全的部分数据，系统将分析并且对所供应的食品风险进行等级水平划分。风险分析包括由定量的概率计算得出的排序，并突出可能有问题的供应商。

8.8 电子可追踪性

系统在货盘和货箱级水平对条形码和 RFID 可追踪数据展开收集和储存。正如经供应商初步研究后所要求的那样，他们可能在运输的时候配有阅读器、天线、电缆、打印机和其他外围设备。安装和培训都是通过转包业务进行的。

8.9 召回控制

这些系统采用疫情跟踪和时间对照技术，使食品安全、风险分析和可追踪性数据联系起来。这样做的目的是提供召回调查并尽量减少人力和财力。

8.10 运输供应商排名：运用因果思维降低风险

食品安全系统的实施需要理解保险公司、研究人员、银行及其他的包括风险

评估在内的日常工作中使用到的特定概念。这些并不是研究一个终生的学习曲线,然后告诉大多数人慢慢应对风险的方式,而是根据一些正规的参数和计算得出的。这些概念明确说明如何使用一个集成的系统降低风险,从而使参与食品运输的公司受益。

我们可以从一个定义开始解释:风险是对一个或一个以上未来事件的一个或多个结果计算得出的预期值。

通过下面的问题更容易理解风险的概念:下面哪个选项可能导致食源性污染的暴发?

(1) 一辆制冷系统出故障的脏卡车。

(2) 一辆制冷系统良好的脏卡车。

(3) 一辆制冷系统良好的干净的卡车。

(4) 一辆有独立温度监测系统的干净的卡车。

(5) 一辆有独立温度监测系统的干净的卡车,且该系统是正规的食品安全运输系统的一部分。

有很多因素可能增加运输过程中食品污染的可能性,例如脏的卡车、有故障的冷藏箱或缺乏食品安全系统化、标准化和质量控制的方法,这些都可能对食品质量造成影响。能影响食品安全的因素越少越好。如果在我们的控制下食品中有更少的掺杂物,例如水性生物、化学、放射性或过敏性污染物,我们就可以降低风险。由于缺少正确的测量、管理和针对温度(细菌生长)、卫生(交叉污染)、安全漏洞(恐怖主义)和食品追踪方面的预防性控制措施,所有这些都会增加处于供应链末端的人类健康,造成危害的风险。

那么我们要讨论如何量化这些问题点。在一个综合的食品运输系统中,以下三个步骤可以帮助我们思考。即使我们不对所有因素使用复杂的数学模型定量分析,我们还可以在运输实践说明条款中列出哪些构成高风险以及哪些可能是较低等级的风险。

(1) 确定因变量是什么(疫情暴发)。

(2) 列出自变量(潜在原因/隐患)。

(3) 优先考虑最有可能的因素,接下来是可能性较小的因素。

如果我们认为"转运食品污染暴发"是因变量,我们要说的是,食品污染暴发取决于一系列的潜在原因。潜在原因通常被称为"自变量"。假设食源性疾病的暴发很可能是下列因素中一个或多个因素的结果:

(1) 脏水(生物、化学、放射性或过敏原污染)。

(2) 生物、化学、放射性或过敏原导致的食品污染。

(3) 食品供应商和运输商管理不善。

(4) 缺乏可追踪性，不能及时停下来控制疫情以免继续传播。

以上列表中每个项目都可以成为潜在的自变量。

现在，我们可以为集成系统建立一个简单的模型，把可能影响风险大小的供应商或做法做成简单的表格。

8.10.1　风险建模

(1) 食源性疾病（FI）可能是由这些原因导致的：①脏的洗涤水；②掺杂物；③温度控制不善；④缺乏可追踪性。

(2) $FI = f(①,②,③,④)$ 这代表"食源性疾病"，是脏洗涤水、掺杂物、温度控制不当和缺乏可追踪性的函数（或由 …… 引起的）。

(3) 我们是否可以测量或监控 FI 以及①，②，③和④？ 其中一些自变量（潜在原因）最好由维修站、供应商或运输公司的日常工作进行控制。

(4) 我们要一直测量这些变量，或者把这些变量作为运输食品安全系统标准化的方式中的一部分进行测量和控制。

8.10.2　通过运输资格鉴定降低风险

(1) 在电子表格（见图 8.8）中列出你的运输供应商。

(2) 列出流程步骤和他们所采用的做法（温度控制、卫生等）。

(3) 清晰地解释因变量。

(4) 列出自变量（隐患）。

(5) 根据能否对隐患实施控制的条件评价每个供应商（评分——10＝是,5＝部分实现,0＝否）。

(6) 把分数加起来。

(7) 基于运输分数对名单重新排序。

① 位于上面的高分机构＝低风险（有适当的控制来降低风险）。

② 位于下面的低分机构＝高风险（缺乏控制）。

图 8.8 是一个选定了一组载体得出的电子表格形式的风险报告。表格显示了每个食品安全运输标准排名列出的载体的编号。

风险报告：卡车运营商

机构级别：全部　　　　产品：农产品

风险排名从高到低排序

	风险排名	管理控制	风险排名	HACCP	风险排名	卫生设备	风险排名	可追溯性
	1	82 222	1	82 222	1	82 222	1	50 162
	2	99 901	2	99 901	2	99 901	2	20 413
前五名	3	00 098	3	00 098	3	13 990	3	12 906
	4	53 110	4	53 110	4	73 722	4	96 952
	5	14 471	5	14 471	5	00 909		
	6	45 425	6	21 457	6	24 444		
	7	21 457	7	45 425	7	76 555		
	8	08 263	8	08 263	8	39 393		
	9	89 121	9	66 157	9	43 214		
	10	29 582	10	29 582	10	10 999		
	11	29 078	11	29 078				
	12	66 157	12	59 368				
	13	23 953	13	89 121				
	14	59 368	14	34 881				
	15	91 444	15	23 953				
	16	37 894	16	91 444				
	17	34 881	17	37 894				
			18	98 431				

图 8.8　由电子表格得出的风险等级

与那些位于列表顶部的公司签约可以降低风险。缓慢而稳步地引导较低级别（高风险）的运营商，你仍然会在满足食品运输安全管理、HACCP、卫生、可追踪性、培训和报告标准的范围内用到他们，要经常对你的供应链进行一些变动。

8.11　整合食品运输安全系统

集成计算机系统允许简化所有这些排名和报告，因为相关的认证和资格认证数据通常可以由运营商或公司人员输入。图 8.8～图 8.11 是综合运载食品安全系统图的分解图，该图使用跟踪和认证数据快速定位，使用运载风险排名信息给召回人员提供方向，并减少执行召回行动的整体时间。

图 8.8 显示了完整的系统，该系统包括三个组件，包括可追溯性、可能原因和

回收三部分,为了可进行多个站点追踪以降低整体的回收时间,还提供了与供应链中类似系统的链接。图8.9～图8.11为整个流程的更详细的分解图。

图8.9显示了可追踪性的组成部分。预计会使用应用了可扫描的条形码或RFID技术的货盘对食品载体进行跟踪。如果采用不能报告位置、温度、湿度和其他监测传感器数据的纸质记录或者可追踪性技术作为整体集成系统的一部分,那么回收速度会被大大减缓。该图表明,一旦该数据被读出,它们被存储在数据

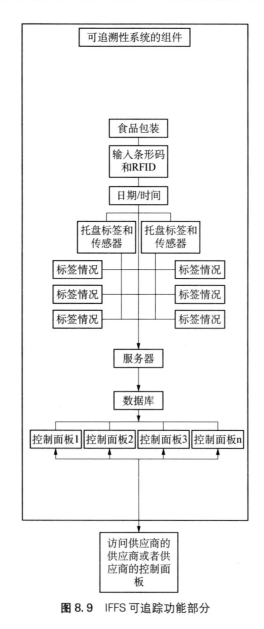

图8.9 IFFS可追踪功能部分

库中,用户可以通过一系列的显示器看到。在图的底部的供应商的访问信息表明,除了拥有并已采用该系统的承运人,也允许其他的运营商查看追踪信息。

容器追踪信息在整个回收过程中提供了关键功能,容器、货盘乃至箱子都可快速定位,无论他们处在供应链的哪部分。从食品运营商到供应商认证的链接箭头和资质风险分析的数据库,数据库链接到召回部分,这些链接具有通用性,并且,虽然各部分可以单独发挥作用,但它们表明了该系统的部分交互能力。

图 8.10 显示了相关的标准、风险评估和上面所讨论的风险计算等信息流。在"可能的暴发原因"部分显示了风险数据库的开发:排名和报表是控制供应商

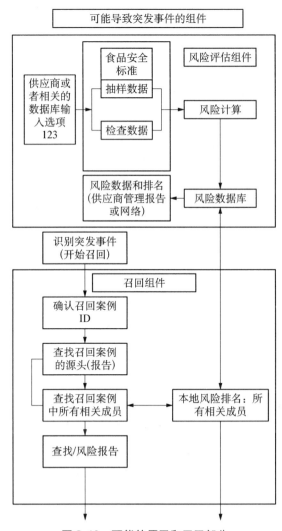

图 8.10　可能的原因和召回部分

资质的关键。

该图同时也显示了风险数据库与召回部分的链接。需要注意的是,召回组成图的顶部,召回计时处于启动状态。当回收程序被启动且系统开始提供高风险的供应商的信息时,可追踪部分被激活并向客户提供两个基本报告。可追踪性报告中查明并报告所有的容器、货盘和使食品存放食品污染或用途可疑的箱子的位置,可疑原因部分的数据会被用于评定供应商的风险等级。

知道了食品在哪里,也知道哪些运营商的运输风险高,因为这些运营商不太符合卫生标准、HACCP、管理和可追踪性标准所以被评为高风险,根据这些信息,高风险运营商被认为是最有可能卷入食源性疾病暴发事件的。和调查每个具有各种追踪系统(纸、标签、电子)的可疑供应商的做法相比,仅仅应用可追踪标准和风险排名数据都能够大大减少公司找到问题食品的时间,以便及时隔离和控制污染的食品。

图 8.11 说明了供应链成员以及联邦、地方和其他机构将被允许拥有访问全部信息的权力。访问权由系统管理人员控制,取决于供应链协议、法律要求以及系统所有者的选择。图 8.11 是延续了图 8.10 所示的召回部分。

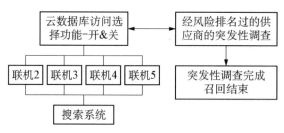

图 8.11   整体连接

上面提到的召回计时会持续跟踪记录召回过程中进行调查和解决所花费的时间。召回时间是许多政府机构采用的一种措施,可以帮助他们努力改善服务、完成内部计量和时间表目标。虽然召回时间可通过激活回收组件自动触发,但系统所有者在回收完成时会将其关闭。

或许在运输整合食品安全系统中最重要的部分是它的互联互通功能(见图 8.12)。以低成本生产,当系统通过许多贸易伙伴展开时,交流和载体可见性被大大提高。再加上传感器的监测,任何供应商或客户都可以定位和判断在任何时间发货的食品的安全和质量。实时报警系统可以实现在任何失控情况下的快速响应。

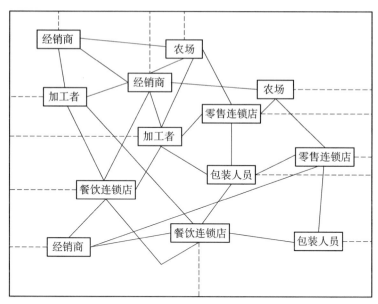

图 8.12　综合系统的互通性和数据分享

8.12　有用的表格

虽然电子数据录入可用于表单、日志和各种需要单独的标准的其他文件的开发和维护，但许多表单可能会更容易以纸质记录的形式保留。不论使用的是纸质系统还是电子系统，特定类型的信息都需要被收集、提交并保存指定类型的信息，提供内部管理使用以及满足认证审计的要求。下面提出的表格经过修改可以适用于任何工作。

关于维护操作有许多有用的示例表单，用于记录工具管理、卫生喷雾剂和用于清洁容器等工具。表 8.1 是用于记录清洗容器的员工姓名以及清洗过程中是否有可能用到各种化学品的示例表单。

表 8.1　容器喷雾式清洗记录表

日期	时间	喷雾机号	清洗人签名	水中含氯量

像铁锹和扫帚这样的清洁工具在预防卡车等容器的交叉污染方面十分重要。用堆放在一起的铁锹和扫帚清洁容器时,可能会把细菌从一个容器带到另一个容器上。明智的做法是制订程序并培训清洁工在清洗之前对要使用的工具进行清洗,改变卫生状况。在清洗操作中使用的任何化学药剂和化学品包装的材料安全数据表(MSDS)都需要提交,并提供给外部审计人员。表 8.2 是记录铁锹和扫帚清洗工作的示例表单。

表 8.2 铁锹和扫帚清洁记录表

日期	时间	铁锹	扫帚	清洗人签名

对其他的维护操作也可以很容易地创建一些类似于上面的表单,比如喷雾器温度监测设备的校准以及必要情况下软管的清洁记录。

表 8.3 是一个示例表单,用来记录为可追踪系统测试和检查的预防性维护(PM)的安排,就像清洁工作一样,需要记录。此表单可以用于任何长期或短期食品运输过程中的工作安排,并指定专人负责。

表 8.3 容器预防性清洁/可追踪性设备维护计划表

预防性维护计划	频率	负责人

表 8.4 是用来记录车辆卫生或可追踪性的检查。表格记录了检验是否合格的信息,以及产品的详细情况和被装载数量。同样重要的是,这个表格用于配合检查产品和数量,以及容器的跟踪信息,如容器识别和目的地等。此表格也可以提供给内部审计团队和外部团队,用来检查培训记录,以确保有关负责人已接受过适当的培训,足够胜任这份工作。

表 8.5 是一个用来记录容器检查的清洁、维护和校准数据的表格。表格把程序和工作指导与活动联系在一起,从而使审计员可以验证相关人员没有遵循正确的程序和工作指令。

表 8.4　运输车辆检查日志/核对表

月份：_____

日期	车辆检查		产品标识	发货数量	卡车/拖车编号	目的地	责任人（装载人）
	注意事项/意见	是否通过					

表 8.5　容器检查、清洗、维修与标定表

日期	雇员姓名	执行的设备活动	工作地点代码	活动说明

　　其中关于工作指令的一个最大的问题就是工人经常发现更新更好的方法来完成指定的工作。虽然这看起来是可取的，但是新的操作方法往往可能不符合原始规定的流程。这些实际上的程序变动，可能会在审计时出现问题，审计员一般是接收到书面的程序，再将书面程序与实际正在执行的程序做比较。书面程序和实施活动之间的差距意味着将在外部审计过程中丢分。

　　在谁负责正确地执行程序和工作指令的问题的争论中，往往不会归咎于制订程序的人。不幸的是，不能正确地执行书面程序也可能是由于训练失败，或仅仅是缺少监督或管理。在某些情况下，工龄较长的工人声称他们知道需要做什么，这些员工在涉及实施新的程序时往往很固执，比如要遵守新的标准要求的时候。

此类问题通常会被内部审计小组遇到。当编写的程序和执行程序之间出现差异时,内部实施团队有责任把差异报告给监督者或其他管理部门。公司需要提出纠正和预防行动的活动以解决这一问题。往往需要再次进行审查和修改,直到问题被解决才能继续执行程序。

表8.6是用来记录当水中加入化学试剂后,怎样控制容器洗涤水的示例表单。请注意,有一列记录的是"产品名称"。该项目是HACCP方案和HACCP实施的卫生程序之间的重要纽带。使用不同的容器运输不同的产品很可能需要不同的洗涤程序,因为不同的产品往往会被不同的掺杂物污染。

表8.6　容器洗涤污水处理日志

操作名称:＿＿＿＿＿＿＿＿＿＿＿＿＿＿＿＿＿＿＿＿＿＿＿＿＿＿＿＿＿
操作地点:＿＿＿＿＿＿＿＿＿＿＿＿＿＿＿＿＿＿＿＿＿＿＿＿＿＿＿＿＿

日期	水量	使用的化学药品类型	添加量	产品名称	负责人

洗涤水处理日志在HACCP计划和实施之间建立了联系,并确保提供了重点的预防控制被实施,以完成容器卫生维护周期中重要的一步。

产品运输监测表把容器检查数据、产品名称、数量、容器识别号及客户联系在一起,监测活动可以使用如表8.7所示的产品运输日志模板以纸质或电子的形式记录下来。

监测内部容器的温度的任何设备都是用来提供温度数据的,无论是独立冷藏温度指示器还是作为冷藏温度显示器的一部分,都需要校准。标示着特定的设备、最近的校准日期、来自校准要求的任何偏差以及产品或容器MRB和纠正措施的校准记录都需要保存、注明日期并签名,如表8.7所示。

表8.7　产品运输日志

月份:＿＿＿＿＿＿　年份:＿＿＿＿＿＿

日期	容器检查		产品名称	容器数量	容器编号	客户	检查员姓名
	通过/不通过	意见					

此外,为了消除鉴别出HACCP危险所需的洗涤温度必须进行校准,相关的

校准维护数据必须记录下来。当标签或其他设备用来测量温度,应要求供应商提供校准程序以便制造标签。

　　测量冷藏箱或其他容器的温度的持续实时报告系统也必须记录下来(表 8.8)。所需和所测温度之间的任何差别都应记录下来。如果需要采取纠正措施,MRB 的处理也应记录。表 8.9 包括一份冷藏温度监测的示例表单,也可用于标签和其他独立的冷藏报告系统的设备。根据间隔数据所做的差距分析和趋势分析适合于一种统计过程控制方法,即无论过程中是否失控都已经确定温度上限和下限。

表 8.8　温度测量设备校准日志

温度计校准日期：　和 XX °F 的偏差　纠正措施(必要时)：纠正后结果及完成日期：　草签：

表 8.9　冷藏箱温度监测

操作：_____　操作地点：_____
容器编号：_____　监控设备编号：_____

日期	运输产品	所需温度	测量温度	所需纠正措施	MRB 处理方法	草签

　　表 8.10 是把校准数据与上午和下午的温度变化结合起来的示例表单。该表格也可能被修改为体现季节性变化的形式,就像上午和下午的温度之间的差异往往相差很大一样,季节变化也能考验温度控制是否合适。

表 8.10　车辆内部温度记录

操作名称：_____
车辆编号：_____　温度计编号：_____

日期	温度计校准日期	温度记录		纠正措施(必要时)：	纠正后结果及完成日期：	草签
		上午	下午			

凡是涉及产品召回的情况,MRB 文件和报告都是必需的。在表 8.11 所示的表单给任何必要的召回数据记录提供了一个出发点。该表格可供 MRB 或内部审计小组使用,以便完成记录召回数量、日期、联系客户、多少数量被销毁或批准使用或召回的这项艰巨的任务。

表 8.11   MRB 报告：产品召回

需要召回 的数量	日期/ 时间	联系人姓名和 所在公司	损坏 数量	合同剩 余数量	MRB 安排(报废、 销毁、排序)	召回的数量

表 8.12 所示表单可以用于收集和记录召回信息,有些情况下可能比上面所示的标准化表单需要记录更多的解释说明。

表 8.12   召回记录表

召回记录:

(1) 召回原因?

_____

_____

_____

(2) 采取了什么样的 MRB 行为?

_____

_____

_____

(3) 为了防止问题的再次发生,设计了哪些新的程序?

_____

_____

_____

(4) 负责确保上述行为和过程监控和实施人员的名字及职位。

_____

_____

_____

签名:_____   日期:_____

虽然现场数据采集是有用的,但由于要把手写资料输入到电子数据库,一般这些表格本身不能体现它们的有用性。记录的建立需要进行解释,尽管允许信息记录员解释观察到的情况,但仍然很难在持续使用的情况下进行分析。

电子系统依赖于它们的搜索、编辑或添加能力。随着时间积累,文本信息的量越来越多,使得分析几乎是不可能的,至少说是非常耗费时间的。尽管一些内部或外部审计的数据录入系统可以省掉记录和数据输入的步骤,但编辑是否能正确分析的问题仍然存在。

备注:这些表单在记录 MRB 小组会议的事件和活动时可能是需要的。

上面展示的示例表格可以作为记录运输食品安全行为的表格和日志的样本。其他表格和文档在本书中也有展示,这些需要在内部审核和管理团队提供了准确、完整的文档和数据之后进行审查。明智的做法是进行网络搜索或者向外部审计员要表单。许多认证机构提供标准的表单来帮助客户记录,以便为外部认证审核做准备。

8.13　准备认证审核

运输途中的食品安全计划有助于稳定和规范食品运输系统,可以确定、消除或者预防一些后面可能造成事故的特定原因。

重要的是从系统根源方面去思考,而不是只考虑具体的原因。制订标准并推动建立一个系统的针对食品运输安全的方法,目的在于缓慢但却稳步地减少一般的或系统的原因,直到形成一个更加稳定和有预见性的食品运输系统。

(1)审计和准备审计所引起的变化,通常有助于消除更多的系统的原因。一个满足基本标准的更加一致的系统,可以使人员从实际层面的程序执行上升到一个更易预测的整体控制的水平。

(2)消除系统原因意味着防止了问题的产生。

(3)预防意味着更少的法律问题、诉讼、死亡人数以及由于指导方向错误导致的企业破产。

(4)尽管还不能消除特殊原因的影响,但食品安全控制已经达到了一个先进的水平。

(5)特殊原因可以通过识别和预防经常随机出现的不可预测事件的方式来消除,如一个产品掺杂了特定的甚至未知的生物污染。一方面,如果一个公司知道沙门氏菌是某些特定产品会遇到的共同问题,可以建立一个标准化的管理系统,以减少被这种病菌污染的风险;另一方面,建立了防止沙门氏菌污染的系统可能无法预防后来进入容器的大肠杆菌的污染。这种不可预知的侵入成为一个特殊原因,需要预防性的因果分析,最终形成新的系统。

审计的不足

审计是用来测量和记录食品安全系统的工具。不幸的是，对食品安全的真正威胁是具有生物性、化学性或辐射性的物质。内部审计员和外部审计员都不能用肉眼看到或检测到这些问题：他们必须依靠运输人员所提供的文件。

没有单独建立的食品安全审核标准。虽然有数以百计不同的审核标准正在被使用，但其中大部分都是相似的。此外，审计人员的重复性和可靠性有待商榷，可变标准和审计员重复性和可靠性的问题都导致审计的有效性值得怀疑。

审计标准本质上是观测性的，包括一些条款和看法也是主观的。主观性以及可靠性与有效性的缺乏往往会导致衡量事物准确的能力出现很多错误（e）。

从数学的角度来看，在追求精确的衡量标准（T）的过程中会发生的情况是由两部分组成的。第一部分是采取的测量（M）方式，比如审计员对某一公司在标准或整体食品安全审计进行评分。该公司获得特定的标准分数或审核的分数。该得分可以表示为"M"的测量结果。未知的是由于缺少审计员和标准的可靠性和有效性不确定导致的错误数量或错误程度（e）。

由于目前的做法不包括针对审计员之间或不同标准之间的可靠性、可重复性和有效性的研究，所以我们并不知道审计制度中到底存在多少错误。

培训和培训人员

（1）请一个通过认证的培训师。一些认证培训师可以开展区别分析并跟进培训。多数收费标准为 200—500 美元/小时，如果你可以让你的整个团队在同一时间接受培训，这个价钱是很值得的。

（2）确保培训师给你一份你将面临实际的审核标准和项目的副本，问问你的客户你需要通过什么认证。

（3）如果你聘请外部培训，确保培训师的议程和训练与将在审计中使用的实际问题相匹配。

关于文档的提示

（1）政策（由管理层签署）和程序（有序的）。

（2）列表、日志、登录/注销表是基本的，并且需要制订、借鉴或修改以适应你的公司的计划。

（3）有培训计划、记录、标准、工作提示，以及保证只有合格的人员被分配到特定的操作岗位，这些是通过外部审计的关键。

（4）容器维修、卫生、可追踪性和温度控制标准是建立食品运输安全系统实践的基础。制订的计划需满足这些标准。

（5）化学品、标签和储存的记录都是关键的，需要保留。

（6）说明如何从坏的食品中分离出好的，并能够采取 MRB 的纠正措施和预防措施的程序处理坏的食品。

（7）职责范围是程序性并且在工作指南的内容中。管理人员负责读取、管理和更新程序，并且必须确保员工准备了备份的可核查的和看得见的书面程序。不要只是外部审查计划之前一周才把文档粘在一起进行审查。

（8）以一种有组织的方式贴上显示每个标准、程序和其他重要信息的标签，让外部审计员方便找到和匹配审计清单。

小额审计费用

（1）培训师费用为 200—500 美元/小时，但通常只需要一两天就能完成培训。

（2）审计行程中的花费将由公司支付，所以要保持成本可控就要找一个靠近审计现场的审计员。差旅费用包括：

① 机票。

② 出租车费用。

③ 住宿费用。

④ 审计费用 500—1 800 美元/天。如果是大规模公司的话，可能需要不止一个审计员。

主要审计费用

（1）这取决于企业的规模。大型业务显然会比小型业务花费更多的准备工作和审核费用。

（2）建立文档和改革所需的内部成本和时间成本是最高的。

（3）培训。

（4）准备年度审计（清理等），如果系统不能保持在一个持续的基础上，可能会导致运作中断。

（5）系统管理，包括自我审计需要达到最高的审计要求，这是一项持续的成本，需要进行管理和缩，减以便使程序可以充分实施。

外部审计员注意事项

（1）外部审计员认证工作要在考虑合同或员工情况的基础上进行。

（2）出于对利益冲突的考虑，在预审计过程中参与训练或协助的任何人都会被自动取消成为公司外部审计员的资格。

（3）一个公司需要了解一系列审计员的个性。一些审计员喜欢很客观地工作,也有些是非常友好的。

（4）不管审计员的个性如何,需要对审计员表示友好。如果审计引导员显得过于保守或者是紧张,换别人来处理。

（5）提供咖啡是个好主意。还需要给审计员指明会议室和洗手间的位置。

（6）介绍管理人员、内部审计小组成员和任何能够陪同审计员的员工。如果公司规模较大,团队的支持会是一次很好的展示。

（7）不要主动提出支付午餐或给审计员送可能被视为受贿的物品。

（8）问题应当由大家直接回答。

（9）如果审计员看起来不相信你,不要生气。审计员的工作就是深入挖掘,以确定公司所说的和实际做的是否一致。

（10）要诚实。

8.14　外部审计需要的材料清单

（1）检查经营场所的外部。是否放置了一些标志? 是否防止人员擅自进入? 大门是否紧锁? 他们是否防止了未经授权的人员对容器做改动? 容器维修区是否干净整洁?

（2）脏容器、卡车地面、脏停车场、宠物、脏的天花板和冷藏环境、冷却通风孔都应被检查出来并进行清理。尽量让你的维修区保持整洁,就像审计员刚审查过的地方一样。请记住,审计人员会看到处理之后的操作,他们训练有素的眼睛能很快看出存在问题的区域。

（3）文档摆放凌乱、文档中到处放置或文档丢失（"我认为文档在楼下"）都是一个缺乏控制的明确迹象。

（4）扫帚和其他工具不能有木柄和彩色编码,保持干净,能够正确识别和存放。

（5）工人的手套、靴子和眼部防护用品放在需要的地方,位置明显,确保可用。

（6）货盘和容器地面干净且组织有序,或者进行标记。

（7）如果操作地点是干净的,有准备充分的文书或良好的组织,审计可能只需要 2 小时就完成了。如果该公司没有准备就绪,审计工作可能需要一整天。

（8）确保内部团队成员有实际审计清单的复印件。

8.15　外部审计评分的说明

(1) 如果该公司未能满足的某一项关键标准,立即自动判定为不通过。审计员有义务通知所有相关人员,并停止审计。

(2) 审计员通常不会在没有通过认证公司审核的情况下透露总分或是否通过的信息。

(3) 审计员将会回去后把分数和意见输入认证系统。

(4) 认证机构的数据系统计算总分。

(5) 通常需要至少 70％是通过的,但要确保审计员明确理解评分制度。

(6) 通知由规范管理机构系统向审计员和公司审计小组发送。

(7) 审计员一般不能由没有合格证书的人担任。

8.16　纠偏和预防措施的重要性

最重要的是审计人员正在研究管理层做法,指示是否在必要时采取纠正和预防措施。

运营商在审计过程中的任何丢分点都需要在限定时间内纠正。要立即做出必要的改变。在大多数情况下,一个公司可以在审计员的访问过程中纠正问题。如果是这种情况,尽量立即完成这种轻微的不合规项目的纠正。

欺骗审计员一般会被抓到

审计员知道,运输公司不希望被食品安全和食品安全审计困扰,并且认为他们是在浪费时间和金钱。如果一家公司的态度不能郑重表明去改变食品在运输过程是怎样被控制的,外部审计员会感觉到公司没有这种承诺,笑容很快就会变成皱眉。如果公司管理层并没有适当致力于改善运输食品安全,雇员也没有表现出来,审计员是不会上当太久的。

如果公司请了一个固执强硬的审计员,走捷径的行为是很危险的,把食品安全职责推给人力资源经理的做法反而浪费了时间、销售额和金钱。人力资源经理通常不是合适的实施食品安全系统的人选,也不应把食品安全运输方案交付给一些不知情的人或部门。外部审计员可以辨别出此类情况。

审计员会参阅很多政策、表格、日志和从网上下载并组合到一起等待审核的其他文件。如果很明显看出企业的政策和表单不符合实际运营情况,意味着审计人员会进一步深入挖掘。

第9章 发展展望

只要有食品感染事件不断发生,食品运输行业的指导性文件就最终会形成法律条款,虽然历经较长时间。和其他行业一样,严格的预防性/食品供应链安全体系的发展也需要经历一段早期混沌阶段。

随着法律条款的不断增加,新的技术会继续发展,以满足个别行业规划和制定特有的食品安全和质量追溯、危害分析和关键控制点、培训、记录保存和卫生解决方案。这些公司投资上百万美元尝试制定新的法规、市场和责任的设计以满足未来行业的需要。

新的规定和法律旨在制定新的标准和系统的方法,以制定更有预防性的解决方案。有了满足需求的更有预防性的方法,对食品供应链新的解决方案的需求也会增加以满足供应链发展的需要。尽管法律、标准和食品安全体系建设是针对农场、包装工厂、分配中心,加工厂、饭店和零售等行业,运输环节仍然会是食品安全的重要隐患。

忽视运输环节,从农场到餐桌的供应就出现了断链。除非采取可视化和新的举措,否则食品安全只能是美好的愿望。在很多国家,食品安全运输提供了很多需要新技能的新的就业岗位。当老一代的劳动者退休和新的后勤人员上岗时,就需要安排培训以满足新技术的需要。

在20世纪80年代早期,电子行业处于类似今天食品行业的混乱状态。金属和电子部件的污染就如他们引起的潜在缺陷一样常见。那情景就与当今掺假污染的食品所面对的问题一样。掺假物的影响直到几天、几周甚至几个月后才出现;并且当问题可发现时,才开始寻找问题源头和控制措施。供应链上厂商开始相互指责,供应关系终止,生意没法继续,客户转向其他厂商。

借助质量控制策略,这一行业状况已经有所改变。在实验室对样品进行污染物检测,建立供应商、运输和过程监测控制体系。公司使用用高效空气过滤器空气系统,员工进场时使用鞋套和"兔子装"。干净、干燥的空气系统和消毒水的使用都成为常态,培训效果得到提高。

有些企业抱怨这一切带来的成本,但是对于那些践行的企业投资回报率是巨大的,而那些没有采取这些措施的企业基本不可能会以任何方式扩张或者发展。

如果一个供应商不能满足质量要求,他们就自取灭亡,总会有另外的供应商取代他们。

国际标准化组织(ISO)的应运而生。ISO 9000 覆盖面很广,没有认证的公司就没有资格成为供应商。

今天的电子产品比 20 世纪 80 年代的产品更可靠。自动化和食品行业可以从中受益。食品供应变化的未来很明显。事物都在变化并且必须继续这样下去;我们无法回头、倒退。更重要的是在几个世纪内我们都会奇怪我们之前为什么不这样做。

9.1　旧模式的消失

"一升一降等于死亡"背后的理念是为了使食品供应链参与主体将关注的焦点,从他们自己面临的状况转移到如何受供应商的影响,以及他们自己的产品又是怎样影响下游客户。

不幸的是,"一升一降"是一个短视的概念,并不会促成供应链的发展。

"一升一降"的思考方式成为供应链上厂商推卸食品安全责任的借口。如果一个公司是从农场购买新鲜农产品并直接销往零售商的分发中心,一升一降可能有用,因为其中真的没有多少参与者。但是大多数供应链更长,一旦发生食品安全问题,寻找承担责任人就变得复杂、耗时,而且几乎不可能预防。

从食品微生物疾病暴发到找到原因需要多长时间?甜瓜的零售商是否应该为导致消费者死亡负责?并且在这所有的过程中,是什么使易腐食品发生了变化?是它们到达消费者餐桌前必经的 200 mile 的旅程?运输环节几乎完全缺乏管理、行业标准和关注不够使得食品安全控制存在很大漏洞。重视运输责任是预防机制的一部分。但是这一理念还没有被广泛接受。

"一升一降"概念与供应链可视性和法律或行业的要求相违背。它限制了一个公司一天和一个时代内对于其供应商的责任,即第一层供应商为它们的上游供应商所做或没做的事情买单。这种回推正在获得动力,因为很多公司正在实行可以精准确定掺假源的追溯和监督机制。但在这所有的过程中间,基本忽略了运输,就好像从智利到纽约经过六到十个不同运输公司后食品依然干净和完整是奇迹一样。

因此,"一升一降"概念完全和食品安全预防背道而驰。需要在食品运输过程应用新的追溯、监测方案和消毒流程以实现运输过程的可视和控制,并将运输作为一个过程,国际运输尤其如此。新的 FSMA 宣称将制订国外供应商的新要求,并且那些要求将与国内供应商一样。且所有供应链参与者必须保留有关源头、控制、处理和其他数据的记录。那个概念的实施对于那些仍然依靠纸上记录的进口—出口行业会变得越来越难,更不用说提供随时、随地运输控制的冰箱温度或者数据记录。

9.2   一种途径

有时出现的变化,会有助于回顾历史来审视事物发展的轨迹和未来方向。山姆·华尔特·福斯(Sam Walter Foss)的一首诗[37]为我们描述了事物发展的普遍规律。

犊牛之路[*]

山姆·华尔特·福斯(1858—1911)

某日一犊牛赋归,

一样地幼巧乖怜;

越过那原始林地,

一路的崎岖蜿蜒。

今三百年已飞逝,

想那小牛已死去;

却留踪迹仍弯曲,

心间潮涌多思绪。

时光流逝如穿梭,

更有犬羊频走过;

今已建拓街一条,

牛犊之路贯村落。

---

[*] 注:系李庆功的译文,见其新浪博客。

春夏秋冬荏苒过，
众人却不及揣想；
而今村落变城市，
村街人车多熙攘。

穆然都会真繁华，
市路已成央大道；
二百五十年纵逝，
众随依旧犊牛脚。

男女老少朝与夕，
借路犊牛往来行；
如今踏足犊牛迹，
竟可通达八方程。

虽已亡故三百年，
引领万人一犊牛；
孰为我辈开先路？
已然崇敬在心头。

道德训诫从中来，
上帝要我来宣布；
你走他走我也走，
盲从牛犊赋归途。

日出日暮勤劳作，
你做他做我重复；
众人踏足路渐宽，
虽曲犹折当随逐。

借路牛犊如朝圣，
墨守成规悠悠然；

睿智苍古木神笑：

最先犊牛谁人见！

这则童话多寓意，

请君自悟其意含。

据预测，冷链市场会以年增长率 13.2% 的发展并在 2017 年达到 1 571.42 亿美元。年复合增长率（CAGR）是计算多年投资增长的平均值。当然，这只是预测，但是假设增速与这个年复合增长率很接近，冷链市场的量还是很大的。

可以预测冷链行业会继续发展，也正因为有广阔的市场潜力，更多参与者和更多技术会进入这个行业。

香港通过支持 GS1 来努力建立一个基于云的可追溯和监督货物状况和位置的系统。这是政府支持项目，该系统命名为 ezTrack。他们想以此为这个增长做准备。中国台湾正在成为世界第一 RFID 生产中心。

9.3 一些新技术

已经有近 50 个国家签署了联合国欧洲经济委员会有关国际易腐食品运输及其特殊设备[38] 的协议。这个协议倡导使用温控运输工具（铁路、水路和公路）以维持最高温度，并且要求运输车的设计、结构和检测优先于认证。某种程度上，该协议满足了认证机构对食品运输容器（隔热的、冷冻的、机械冷冻或加热的）进行分类的需求，而根据该协议的规定，没有得到 ATP 认证的跨境公路食物运输就是非法行为。

除了雇佣和训练新员工，对于能检测和认证运输车新技术的要求推动了很多技术变化和改变易腐品物流环节的要求。无论什么公司用什么供应商运输什么食品，诸如新的包装箱设计、二氧化碳和陆上运输（运输车港口）和其他联合运输设施、双重压缩机、GPS 和需要校准的温度监控装置现在都已经投入使用。

就混合物流而言，物流环节的所有参与者对于食品运输车系统和技术变化都是相对独立、自主决策，这就意味着整个供应链的上游企业很难推动有关标准化协议的改进。上游企业要求的监测和数据就无法实施，也就无法判定供应链是否遵从卫生、危害分析和关键环节控制点、温控和追诉标准。这种监督供应链成员和运输者的混合情况意味着上述的 ISO 和 ATP 的国际化协议可能有助于获得平等竞争环境。需要新的政策和协议来解决这些新的问题。

当冷链供应链参与者聚集一堂，食品运输商和生产者、运输者最关心冷冻行业的状况。当今对于缺乏有关哪个船去哪或是否增加中间站来装卸货的可视性使得船运输难以预测。食品运输商开始要求使用实时温度和 GPS 监测，还有改进的系统。这个系统可以提供来自互联网软件和服务公司的最低成本的最佳可行路线。而互联网软件和服务公司提供的类似于飞机旅行者采用的行程计划用的软件。对于所有类型的集装车食品物流来说已经十分容易得到。而这个机会使食品供应链采用和使用旅客时间表预约和改进路线、运输时间监督和控制的报告系统。

9.4　测试和监测：两难境地

预防意味着发现和消除原因。为了能找到潜在的源头，测量十分重要。然而不幸的是，对于普遍的食品行业，尤其是物流环节来说，基本不可能以性价比高的方法快速检测掺假物。现在主要依靠视觉监督，而视觉监督不可能发现大多数可能损害健康或导致死亡的掺假物，因此，迫切需要新的技术。

如今测量或监测的最好技术有可以报告温度、湿度、位置、亮度和其他诸如速度和倾斜度等变量的传感器。这类变量的测量意味着用来进行过程控制以稳定和可预测的方式进行过程变量的测量。前提是如果过程得到控制，过程中状况就可以降低掺假的概率。

如果生产商不能确保放入包装的产品没有掺假物，而掺假物又存在，温度和湿度过程监测可能降低掺假物繁殖的可能性。

图 9.1 是限制温度监控器的标签。这个温度监控器通过化学品引起条形码的变化来显示货物或货板在一段时间内是否超过了设定的温度上限。程序十分简单，在用装有应用程序或一个条形码阅读器的手机上的照相机来激活标签，标签会被上传条形码数据的手机扫描或拍摄。第二步是拉标签左边的按键，再重读条形码。这就启动或激活标签。标签纸贴在箱子或货架上，并开始运输过程。

图 9.2 是在运输结束后用读卡器重读标签的结果。图中显示了从中央服务器返回结果的手机界面。在这个情境中，文字'质量码 4'表明货物曾被放在温度超过 41 ℉上限的环境中。在运输过程中的某地，这个农产品的货架在极高温度下超过了一段时间，这样的标签成本在 3 美元以下。在如图 9.3 所示的标签和如图 9.4 所示的计算机软件保护器（有时被叫作"软件狗"）等可以进行深度监测的技术得到广泛使用前，这些一次性标签可以作为初级的价格低廉的集装车装载监测技术。

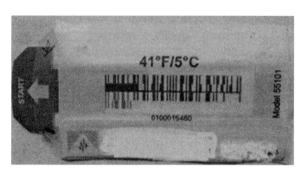

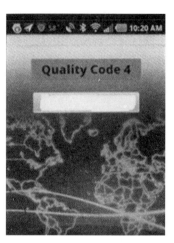

图 9.1　化学条形码标签　　　　　　　　　　图 9.2　手机读数

　　图 9.3 中是一个可以放置在更冷的容器或者分发中心地板上的塑料包装的监控器。这些标签是电池驱动的,电池需要每 2 年更换一次。基于 ZigBee 技术,这些标签成本大约每个 200 美元。它们不需要技术型知识或帮助来安装,因为在背后的黏合剂会黏在任何表面。任何有 USB 接口、配有软件保护器的笔记本或台式电脑都可以监控该标签。标签的布局可以是整个加工厂或配送中心。标签大约就是照片中所示大小,而软件保护器大约 4 英寸长。

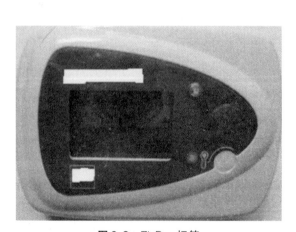

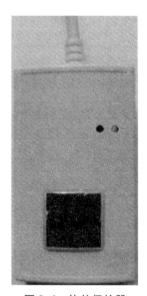

图 9.3　ZigBee 标签　　　　　　　　　　图 9.4　软件保护器

若想更多了解 ZigBee 技术,可以引用维基百科的相关介绍。

图 9.5 为中国台湾正在开发的第二种 ZigBee 系统。图 9.3 中的塑料包装已经移除,显示出了在图片左边的银色(锂)电池和右边的单层回路板。在回路板顶端是通过塑料包装一个清晰的点报告数据的 LCD。图 9.6 是接受和输入监测数据到电脑的软件保护器,只需直接插入 USB 接口并且不需要密码。

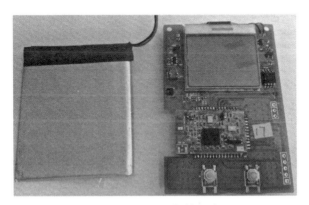

图 9.5　ZigBee 标签回路

图 9.5 展示的标签大小与图 9.3 所示的标签大致相当,但是图 9.6 所示的软件保护器大约有 3 英寸长。

这个标签现在已被普遍使用。最终版本的标签成本应该小于 50 美元,电池寿命达 2 年之久。将这个系统安装于前述的配送中心,整体花费应该低于 2 000 美元。

图 9.7 和图 9.8 展示了图 9.5 所示的控制和读标签的计算机图像的截屏。在屏幕左边,识别号码为 17 号的标签。上面有开始、配置、观察实时测量和回看历史趋势线的按钮。在配置屏幕部,设置的记录间隔可以从 1 秒到长达 18 小时不等。开始和停止按钮用以启动本地控制。

图 9.8 还展示了实时温度、湿度和亮度数据等其他特征。

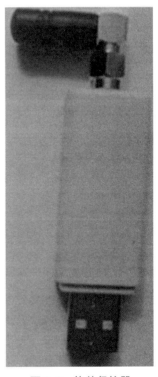

图 9.6　软件保护器

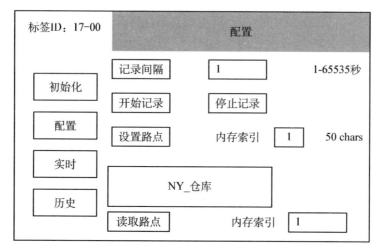

图 9.7 ZigBee 系统配置界面

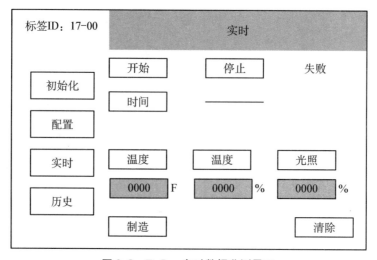

图 9.8 ZigBee 实时数据监测界面

更便宜的 ZigBee 系统可以配置成包括任意数量的不同用途的不同传感器。尽管并不如图 9.3 和图 9.4 所示的系统那样精密或完善,但大大降低的成本使它成为对于不需要满足公司报告要求的小型公司来说是个很好的福音。

9.5 铝制货板正越来越受欢迎

图 9.9 是新型货板。货板由 11 个标准尺寸、重达 44 lbs 的铝制成,并且声称

比木制货板成本低 50%,3 年便可收回成本。同时也提供了用于冷藏的特殊版式。铝制货板可承载最多 300 lbs 且可以与一些类型的伴随反偷盗设备的湿度追溯和报告系统一起部署。

图 9.9 铝制货板(照片使用获得 i-pallets 的同意)

铝制货板还有可清洗的优势,对于那些货板需要返程的公司来说是很不错的选择。

9.6 食品运输面临的挑战

随着一些公司经常关注成本和食品安全及消费者的需求,促进了新的解决方案的研究和开发,如需要能提供监测和监控数据的集中化软件系统来承担供应链记录的保存。自从不断增加的法律要求完整的供应链信息后,这点就显得尤为迫切。召回专家需要供应链信息,以便能够快速寻找源头信息和食品运输商等。

9.7 海港

世界海上运输的竞争正在增加且面临新的挑战。船的尺寸仍然在增加,导致了很多海港新投资的需求。

2007 年,巴拿马运河的重新扩张,导致了很多世界级港口也开始扩张来容纳超级船只的新需求。而这些超级船只也在不断发展以运输越来越多的货物。随着世界人口的增长(见图 9.10)及其对货物需求的增加,世界贸易不断发展,规模经济的挑战也越来越大。集装箱运输会继续替代大型货物运输的策略,进一步增加了港口升级和设备的投资,同时也增加了陆上运输基础设施的建设。

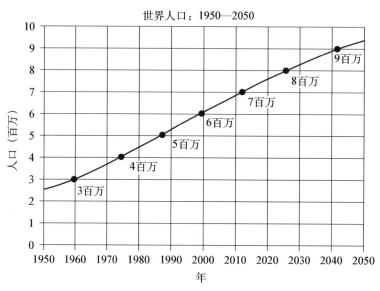

图 9.10 世界人口预测(美国统计局)

在 1950 年,世界人口刚刚突破 25 亿。假设一个人出生并能活 80 年或者到 2030 年,世界人口应该达到 83.3 亿。这意味着人口在一生内增长了 3 倍,导致食品运输系统变得更加复杂和难以控制。这个影响导致的问题不仅仅是食品运输安全,而是整个食品安全而言。

在一些港口,新的要求已经发生并影响物流环节。例如,洛杉矶要求追溯行业满足环境要求来降低港口在碳足迹的影响。其他港口提供容器卫生设备,并自称为冷链食品安全专家以吸引要求高质量运输服务的企业。这些改变要求巨大投资,但确是对消费者安全食品需求的回应。

在这点上,食品联合运输模式,例如将集装箱从船移到卡车上、从卡车到火车或者反之,强调的是满足不断增长的需求能力。陆上港口设施需要大量投资以吸引新的商业机会。

9.8　贸易部门的引领作用

由于国际政府无力发展或者采用食品运输安全协议,涉及更大国际食品供应公司的贸易团体正在形成。一旦出现食品安全问题,诸如康尼格拉美国食物股份有限公司(CAG)、美国卡夫食品股份有限公司(KFT)和沃尔玛公司不能也不会等待任何政府命令，他们正在研究并制订标准。

9.9　基于统计过程的大数据分析

很多即将出现的技术和法律上的改变旨在收集大量之前被装入文件橱柜的数据。正如大多数其他已经出现类似变化的行业，新需求随着新知识的增加而应运而生。当追溯、卫生、危害分析和关键环节控制点和其他文件持续增多时，尤其需要新的信息和知识。

随着这种需求增长而来的是数据储存和分析的需要。而数据的统计分析处理是使其简化的可用形式。尽管一听到统计课程，大多数人都会"谈虎色变"，而新型统计软件确实减少了处理原始数据的烦琐统计。软件公司开始提供可以方便用户进行数据分析的软件包。SPC 已经问世很长时间，并且现在正在研究将物流数据总结成有用信息的统计程序。只需要单击一下鼠标，公司经理可以看到有软件计算的控制上下限的图表化趋势。而公司经理只需理解这个趋势意味着什么，并不需要了解任何统计方法。

在很多行业中，可以通过课程获得的统计专业技能，尤其是一个针对某一行业的技能，可以为那些选择获得更高职位的个体提供就业机会。对于这些技能的需求逐年增加，就如在体育、消防、健康保护、手术和质量控制方面一样。随着新法律致力于将食品安全和质量纳入到更加专业的综合性体系中，对于统计程序方面受过教育的人的需求会不断增加。

9.10　校准

测量设备校准已经被认为是安全系统的重要组成部分。测量温度、压力、位置或速度设备的校准服务已经是 ISO 中的要求和之前章节讨论过的标准。运输商、维修站和那些参与物流食品安全的公司会被要求建立和维持设备校准。

ISO 22000 会成为世界性食品安全行业标准。校准是 ISO 22000 的重要组成部分之一。

9.11　美国食品现代化法(FSMA)对国际食品安全的影响

FSMA 新提出的法案条款要求专业化公司制定特定计划，包括进行可能危害

识别、相关解决方法、确保这些方法的效果以及描述如何纠正可能出现的任何
问题。

条款提出每一个相关的设备都需要准备和实施食品安全计划,计划应该包含
以下内容:

(1) 危害分析。

(2) 基于风险的预防控制。

(3) 监测步骤。

(4) 纠正行为。

(5) 验证。

(6) 保存记录。

因为 FDA 和美国政府管理预算局(OMB)颁布了试行草案,其他国家也相继
快速地关注并制定当地的食品安全条款。这些条款会使他们自己的食品供应链
遵从 FDA 的相关规定,以保证他们的产品能够进入美国市场。

与美国相比,欧洲的许多国家都积极地支持建立保护公众食品安全的控制和
系统。

9.12　内稳态：实现食品运输过程的稳定性

维基百科将"内稳态"定义为"身体内部环境中保持稳定的过程"[39]。在我们
案例中,食品运输既是身体也是过程。无论哪个运输环节或类型,之前章节中讨
论的技术、控制、实践和标准目的都是为了实现系统稳定性。在食品供应链过程
中任何环节出现问题都可能导致所有涉及过程的失败。建立并维护认证的运输
体系对于预防消费者的健康和死亡有关事件至关重要。而消费者依赖于有竞争
力和专注于质量的食品加工商、生产商和运输环节。

实现内稳态需要依靠专注于预防策略、程序和实践的运输和经营活动。尽管很
多食品和运输公司离有竞争力的控制还相差甚远,但是大多数都忽视或者故意忽略
了这些需求,甚至不顾一些法律条款的要求。随着食品安全要求的增多和安全体系
的持续发展,运输安全食品的过程、运输的环节会面临越来越多的挑战。食品运输
安全系统的全程监督的实施需要时间,但最终能够实现——循序渐进地实现。

食品安全体系是一个综合性的体系,需要各方共同努力。食品安全体系的目
标依然不变。其中,包括可以为政府和企业提供需要的可视化和可控制的运输过
程。食品安全体系建设任重道远,但千里之行,始于足下。

参 考 文 献

［1］ USDA Food Safety and Inspection Service（FSIS）.（http://www. fsis. usda. gov/wps/portal/fsis/topics/recalls-and-public-health-alerts）；October，2012.

［2］ Deming W. Edward，Out of the Crisis. Cambridge：MIT Press；2000.

［3］ The National Organic Program.（http://www. ams. usda. gov/NOP/indexNet. htm）；October，2012.

［4］ Organic Food Production Act.（http://www. nal. usda. gov/afsic/pubs/ofp/ofp. shtml）；October，2012.

［5］ Good Agricultural Practices（GAP）.（http://www. ams. usda. gov/gapghp）；October，2012.

［6］ Good Handling Practices（GHP）.（http://www. ams. usda. gov/gapghp）；October，2012.

［7］ Good Manufacturing Practices（GMP）.（http://www. fda. gov/Food/GuidanceRegulation/CGMP/default. htm）；October，2012.

［8］ USDA Good Agricultural Practices and Good Handling Practices.（http://www. ams. usda. gov/gapghp）；October，2012，Audit Verification Matrix，1 November 2006 revision.

［9］ Northwest Analytical，Surak John G. The Future of Food Regulations.（http://www. nwasoft. com/appnotes/foodregs. htm）；October，2012.

［10］ Surak John G，Cawley JL，Hussain S. Integrating HACCP And SPC. FoodSafetyTech.（http://www. foodsafetytech. com/FoodSafetyTech/Features1/Integrating-HACCP-and-SPC-592. aspx）；February 7，2012.

［11］ FDA. Backgrounder.（http://www. cfsan. fda. gov/～lrd/bghaccp. html）；October，2012.

［12］ Agreement on The International Carriage of Perishable Foodstuffs and on the Special Equipment To Be Used For Such Carriage. ECE/TRANS/

Copyright United Nations. (http://www. unece. org/fileadmin/DAM/
trans/main/wp11/wp11fdoc/ATP- 2011_final_e. pdf); October, 2012.

[13] Rich Pirog, Van Pelt T, Enshayan Kamyar, Cook Ellen. Food, Fuel, and
Freeways: An Iowa perspective on how far food travels, fuel usage, and
greenhouse gas emissions. Leopold Center for Sustainable Agriculture, Iowa
State University; June, 2001(pp. 22)(http://www. leopold. iastate. edu/pubs-
and-papers/2001-06-food-fuel-freeways)October, 2012.

[14] The 2012 Statistical Abstract from the National Data Book. (http://www.
census. gov/compendia/statab/cats/transportation. html); October, 2012.

[15] Implementation of Sanitary Food Transportation Act of 2005. ♯H – 9,
Paragraph F – 2. *The Federal Register* report summarized by the Eastern
Research Group, Inc. (https://www. federalregister. gov/articles/2010/
04/30/2010-10078/implementation-of-sanitary-food-transportation-act-of-
2005♯h-9); October, 2012.

[16] Codex Alimentarius: International Food Standards, World Health Organization
Code of Hygienic Practice for the Transport of Food in Bulk and Semi-Packed
Food. CAC/RCP 47 – 2001. (http://www. codexalimentarius. org/standards/
en/); October, 2012.

[17] Vicarious Liability, Wikipedia. (http://en. wikipedia. org/wiki/Vicarious _
liability);October, 2012.

[18] The Sanitary Food Transportation Act of 1990. 49 USC 5701 et. seq. , Chapter 57
San-itary Food Transportation. (http://www. fda. gov/regulatoryinformation/
legislation/ucm148790. htm); October, 2012.

[19] U. S. Food and Drug Administration. Guidance for the Industry: Sanitary
Transportation of Food. (http://www. fda. gov/Food/GuidanceRegulation/
GuidanceDocumentsRegula-toryInformation/SanitationTransportation/default.
htm); October, 2012.

[20] FSMA. Food Safety Modernization Act, FSMA Title I—Improving
Capacity to Prevent Food Safety Problems. Sec. 101. Inspections of Records.
(http://www. fda. gov/Food/GuidanceRegulation/FSMA/ucm334115. htm);
October, 2012.

[21] Canada Agricultural Products Act-Lois du Canada-Justice. (http://laws-

lois. justice. gc. ca/eng/acts/C-0. 4/); October, 2012. Full Document: HTML.

[22] Safe Food for Canadians Act. Statutes of Canada 2012. (http://laws-lois. justice. gc. ca/eng/AnnualStatutes/2012 _ 24/FullText. html); October, 2012.

[23] Self-control guide for transport and storage of products in the food chain. Federal Agency for the Safety of the Food Chain (FASFC), 2007. (http:// www. favv. be/autocontrole- fr/outilsspecifiques/transportroutier/_documents/ 2009－08－06_PB-03_LD-21_fr. pdf); October, 2012.

[24] The Hong Kong Government, Hong Kong Quality Assurance Agency (HKQAA). (http://www. hkqaa. org/en _ certservice. php? catid ＝ 3); October, 2012.

[25] Australia New Zealand Food Standards Code—Standard 3. 2. 3. Food Safety Practices and General Requirements. (http://www. comlaw. gov. au/Details/F2012C00774); October, 2012.

[26] Code of Federal Regulation (CFR). Sanitation Standard Operating Procedures (SSOP). reference: 9 CFR 416. 11 through 416. 17. (http://www. fsis. usda. gov/wps/wcm/connect/4cafe6fe-ela3-4fcf-95ab-bd4846d0a968/13a_ IM_SSOP. pdf? MOD＝AJPERES); October, 2012.

[27] OVOCOM GMP Part A, AC-05. Road Transport of Animal Feed. (http:// www. ovocom. be/GMP-Regulation. aspx? lang＝en); October, 2012.

[28] OVOCOM GMP Part B, BT-06. Road Transport Complementary Provisions. (http://www. ovocom. be/GMP-Regulation. aspx? lang＝en); October, 2012.

[29] Ishikawa Kaoru. Guide to Quality Control. Tokyo, Japan: Asian Productivity Organization; 1982. Second revised English edition, Tokyo: Asian Productivity Organization.

[30] GFSI Guidance Document 6th edition Overview. (http://mygfsi. com/ technical-resources/guidance-document. html).

[31] Sinclair Upton. The Jungle. New York, New York: Doubleday, Jabber & Company; February 1906.

[32] ISO 6346: 1995 Freight containers—Coding, identification and marking. International Container Bureau. (http://www. iso. org/iso/catalogue _

detail? csnumber＝20453）；February 2013.

[33] Guide to ATP for Road Haulers and Manufacturers. Cambridge: Published by
the Refrigerated Vehicle Test Centre, October, 2012. Refrigerated Vehicle Test
Centre. （http://www. crtech. co. uk/pages/ATP/ATP-Guide. pdf）；February
2013.

[34] World Health Organization （WHO）. Guidelines for Drinking-water Quality.
Recom-mendations, vol. 1. （http: //www. who. int/water_sanitation_health/
dwq/fulltext. pdf）；February, 2013.

[35] ISO 22005 'Traceability in the feed and food chain—General principles and
basic requirements for system design and implementation'. ICS: 67. 040
（http://www. iso. org/iso/catalogue_ detail? csnumber ＝ 36297 ）； May
2013.

[36] McEntire Jennifer. Pilot Projects for Improving Product Tracing along the
Food Supply System—Final Report. Chicago, IL: Institute of Food
Technologists; August, 2012. 60607.

[37] Foss SW. The Calf Path. In: The Home Book of Verse: American and
English 1580-1912. New York, New York: Arranged by Burton Egbert
Stevenson, Henry Holt and Company; 1915.

[38] ATP—The United Nations Economic Commission for Europe （UNECE）
Agreement on the International Carriage of Perishable Foodstuffs and on
the Special Equipment to be Used for such Carriage. （http://www.
unece. org/trans/main/wp11/atp. html）；May,2013.

[39] Wikipedia, homeostasis. （http://en. wikipedia. org/wiki/Homeostasis）；
14 March 2013.